运动减脂与体成分管理

用专业方法　　　张 漓 | 著　　　管理你的健康

中国轻工业出版社

序一

健康是人全面发展的基础,是幸福生活最重要的指标。在慢性病防治工作中,我们坚持"以治病为中心"向"以健康为中心"转变的理念,强调主动健康、主动干预在促进全人群全生命周期健康中的重要作用,倡导文明健康的生活方式。这项工作不仅需要各级医疗健康部门大力加强健康促进与教育,也需要家庭和个人相向而行,树立和践行对自己健康负责的理念,主动学习健康知识,提高健康素养,加强自我健康管理。而连接其间的,就是我们的科普工作。

近年来,公众在健康知识方面的需求呈现出一个井喷式的增长,迫切需要专业机构重视科普工作,规范科普内容,普及科普知识,鼓励更多的专业卫生健康工作者创作出更多科学性强、可读性强、操作性强的科普作品。作为中国健康促进与教育协会的会长,我很高兴看到本书的作者为健康科普工作又添了一块砖,我认为这本书的可贵之处有两点:第一,跨学科整合知识,这本书涉及的内容包含了基础医学、营养学、运动科学这3个学科方向的理论与实践知识,由于大多数健康问题都是多因素影响的,所以在科普作品中进行多学科知识的整合,能够帮助读者更全面地看问题,减少实践中的顾此失彼;第二,理论与实践相结合,该书中有很多内容的理论性较强,看似对非专业读者不太友好,但我认为阐述理论的目的是为了让读者通过"知其所以然",从而更好地"知其然",甚至能够在实践中做到"举一反三",这对于提升科普的效果,还是很有意义的。并且,为了提高可读性,作者在写作中很注意避免理论内容的深度过深,以及设计了很多浅显易懂的插图来帮助读者理解,还是很用心的。

希望每位读者在阅读这本关于运动减脂的书籍后,能够找到适合自己的减脂路径,学习到科学的营养与运动知识,提升自身的健康素养,把健康的主动权掌握在自己手中,自觉践行健康绿色生活方式,筑牢幸福生活的基石。

中国健康促进与教育协会

序二

健康中国的建设离不开健康生活方式理念与知识的普及和应用，科学营养和科学运动是健康生活方式的两个重要组成要素，也是我多年以来在临床实践和科普宣传中最注重推广的知识领域。本书作者在中山医科大学完成了临床营养专业的本科阶段学习，是比我小2年级的同校同专业的师弟，他在研究生阶段转学了运动人体科学，之后长期从事运动提升竞技能力与促进健康的相关研究，主要研究方向是体重控制，又正好与我的研究方向相同，因此我很高兴为这位有缘站到同一个战壕里的师弟的首部科普作品写一些读后感。

体重管理作为慢性病防治工作中的一个重要抓手，受到人们广泛的关注，并且其本身是一个多因素相关的复杂问题，可以从生物学、医学、心理学、体育学和社会学方面去探讨，因此有关的著作可以用"汗牛充栋"来形容。要想写一本关于体重控制的新书，如何既避免内容雷同，又要有足够多能够引起读者兴趣的知识点，确实需要下一番功夫。作者选择了"运动+营养+减脂"这个主题，我觉得还是明智的。首先因为营养学和运动科学本身就是两个庞大的知识体系，从宏观生理现象到中观代谢机制，再到微观分子调节通路，每个层级上的知识点都成千上万，知识点之间的关系又千丝万缕，从中挑选与减脂相关的运动和营养基础理论与研究进展，足以支撑对本书知识的丰度要求。其次，长期以来，"减脂"一直是人们关注的热点，说明人民群众对相关知识的学习需求巨大，对于一本科普书来说，选择这个话题能够较好地兼顾社会效益与市场效益。再次，这本书强调了每个人都有与众不同的体质和机能特征，人们应基于个体化特征来设计个性化的运动+营养方案，以达到健康效益最大化、副作用最小化的目标，我觉得这是本书最大的亮点。这一点易说难做，尽管作者查阅了大量文献、花了大量笔墨来介绍个体化评估的方法，以及讨论如何提高运动和营养方案与个体化特征的匹配性，但由于科学技术的瓶颈和人类认知的限制，很多技术和方法目前仍然很难广泛应用。然而，基于个体化评估和精准化方案的健康干预是正确的发展方向，也是千万卫生健康工作者们努力研究与实践的目标，将相关理念与知识进行科普宣传，显然是重要且必要的，也是这本书最难能可贵的地方。

总之，这是一本值得每一位追求健康生活的人认真阅读的书籍。它不仅能够帮助我们摆脱错误的减脂观念，还能够引导我们走上一条科学、健康、可持续的减脂之路。希望读者能够在阅读此书时多一些耐心、多一些思考、多一些实践，开启一场身心的蜕变之旅！

北京协和医院临床营养科主任，健康医学系主任，
主任医师，教授，博士生导师

前言

本书笔者想献给那些对"运动是怎样减脂、降糖和抗衰老的?""如何设计科学的运动加营养减肥方案?"等问题有好奇心的读者。

本书的主题是"减肥",在许多人看来,减肥的原理就是个简单的不等式——只要让消耗的能量超过摄入的能量,产生能量"亏损"就可以减肥。多年以来,许多人,包括一些专家都认为,"多动"不是必须的,只要"少吃"就行了。然而,这种想法在付诸实施时多数人都败下阵来,因为没有考虑到人类生理和心理的复杂性。我们体内的脂肪并非像许多人想象的只是一个"燃料库",可以简单地存和取,尤其多数人不知道人体脂肪主要的"取出方式"就是"适宜的运动"。事实上,除了减肥外,对于其他健康目标来说,也需要适宜的运动去引发机体产生相应的适应,进而实现我们需要的健康效益。而运动适应的过程涉及众多的细胞分子变化、许多精密调控的生化反应和组织器官间的交互作用,所以要想利用运动来精准和有效地达到特定的健康目标,如减脂、治疗糖尿病、改善高血压等,其中涉及知识的覆盖之广超出许多人的预期,感兴趣的读者值得花一些时间来了解。

大多数中老年人都没有运动习惯,或者没有时间来运动。在未学习运动科学之前,笔者也很少运动,但在从事了25年的运动科学研究和实践工作之后,笔者认为运动不仅对于减肥来说是必须的,而且对于健康与长寿来说更是必不可少的,也是目前能够做到在短期内大幅度降低社会医疗成本、提高社会健康生产力的唯一途径。所以本书对于运动的意义和作用着墨较多,营养知识探讨相对较少,望读者理解。

本书内容比较驳杂,且不追求对知识体系进行完整和全面的介绍,但都是笔者认为大多数人应该了解并实践的健康常识,因此本书定位为科普书籍。笔者最为看重的是书中知识的正确性,只有将正确的知识进行普及,才会有益于社会,所以笔者将经过自己的科学实验与个人实践检验过的知识写进书里,并且努力突出逻辑的完整性和实践的可操作性,以使其易学易懂易用,希望读者在学习之后能够积极实践,了解健康养成的要点，以及更好地理解生命规律。老子曾说："有道无术，术尚可求也。有术无道，止于术。"可能是基于追求"道"的"执念"，笔者总是试图把"原理"讲清楚，希望读者明白了原理之后，不仅能很容易看懂某一个"运动方法"，而且不会拘泥于具体方法，甚至有可能举一反三、自创新方法。为了把一些道理讲透彻，本书在很多知识点的深度和广度方面难免要进行一些拓展，因此本书也是有一定专业深度的科普书籍，对于有运动科学与营养学背景的专业人士也有可读性。当然，一本书要想兼顾不同人的需要是很难的，且由于笔者知识面有限，在对大量知识的整合与逻辑梳理过程中难免存在疏漏和错误，望读者能给我反馈，指出我的错误和不足，通过知识分享，共同提高对人体科学的认识。

谨以此书纪念何志谦教授、胡扬教授，并向各位为人类运动健康、科学营养研究做出了巨大贡献的前辈们致敬。

张漪

2025 年 2 月

目录

2	**第一章**	**全能健康杀手——肥胖的危害**	
4	第一节	第一杀手技能：破坏血管	
8	第二节	第二杀手技能：破坏内分泌	
14	第三节	第三杀手技能：破坏免疫	
19	第四节	第四杀手技能：致癌	
24	第五节	第五杀手技能：骨关节病	
26	第六节	第六杀手技能：阿尔茨海默病	
31	第七节	第七杀手技能：破坏你的魅力、自信与幸福	
32	**第二章**	**肥胖发生的原因**	
35	第一节	先天重要还是后天重要？——下定决心人定胜天	
38	第二节	人性的弱点还是生理的特殊性？——食欲强弱的原因	
43	第三节	过劳肥的由来——妥妥的工伤	
47	第四节	减肥失败——各种不科学减肥最终导致更肥	
51	**第三章**	**肥胖诊断标准与体成分**	
52	第一节	BMI——身体质量指数	
55	第二节	体脂百分比	

64	第四章		单纯用控制饮食来减脂为什么难？
65		第一节	"管住嘴、迈开腿"易说难做——能量守恒定律"失灵了"
81		第二节	不吃晚餐减肥法——汝今能持否？
84		第三节	不吃主食少吃肉减肥法——极低能量饮食
97		第四节	不吃主食多吃肉减肥法——生酮饮食科学吗？
108		第五节	不吃肉食减肥法——佛系人生
118	第五章		迎难而上——如何单纯用饮食控制来减脂？
119		第一节	健康饮食有真经：平衡膳食
129		第二节	一天到底该吃几顿——少食多餐
134		第三节	单纯靠节食来减肥：要求多
141	第六章		为什么要运动减脂？
142		第一节	人体脂肪的代谢过程
149		第二节	运动中的脂肪代谢过程
157		第三节	运动减脂的好处一：轻松、简单
167		第四节	运动减脂的好处二：健康，减脂的同时更健康
169		第五节	运动减脂的好处三：多彩，人生本来就该有激情
172	第七章		给不同人群的运动减脂建议
173		第一节	根据不同健康目标选择运动方法
177		第二节	适合不同年龄段的运动减脂方案
201	附录		
202	结语		

根据我国《学龄儿童青少年超重与肥胖筛查》（WS/T 586—2018）标准的定义，**肥胖**（obesity）是指"由多因素引起，因能量摄入超过能量消耗，导致体内脂肪积累过多达到危害健康的一种慢性代谢性疾病"。而**超重**（overweight）是指"体内脂肪积累过多，可能造成健康损害的一种前肥胖状态"。本书主要讨论因营养过剩导致的"**单纯性肥胖**"，各种因疾病或药物等原因导致的**继发性肥胖**不在本书讨论范畴。

在开始阅读本书之前，请读者思考三个关于脂肪的问题：

· 人体储存脂肪的主要用途是什么？

· 人为什么十几天不吃食物就会饿死，而不能像熊一样不吃不喝冬眠几个月而不会饿死？

· 人在饿死之前体内的脂肪会消耗光吗？

本书中并没有明确回答这三个问题，但笔者相信，读完本书，读者自然就有了答案。

第一章

全能健康杀手
——肥胖的危害

流行病学研究表明，肥胖人群的平均血脂水平显著高于体重正常人群，肥胖是高脂血症、动脉粥样硬化的独立危险因素。人们对于肥胖的危害已研究多年，越研究越重视，因为不断有研究证实肥胖和高脂血症是动脉粥样硬化、高血压、冠心病、缺血性脑卒中等疾病的主要致病原因，也是导致痛风、糖尿病等代谢与内分泌疾病，以及骨关节疾病，甚至癌症发生的主要原因之一，因此肥胖直接影响了人类的死亡率，拉低了国民平均预期寿命。早期的研究发现，重度肥胖者的寿命明显缩短，轻中度肥胖也会导致死亡率明显上升，而后来的研究发现消瘦的人死亡率也会上升，这就是著名的"U形"曲线，说明要想长寿，肥胖和消瘦都不可取。因此，在多数权威"健康指南"中，建议为了保持健康，应"控制好体重"。

本章介绍了因肥胖引起的几个重要的健康危害，都是危险度很高或对生活质量影响很大的疾病，如果您正受到肥胖的困扰，希望通过阅读本章，您能下决心减肥。

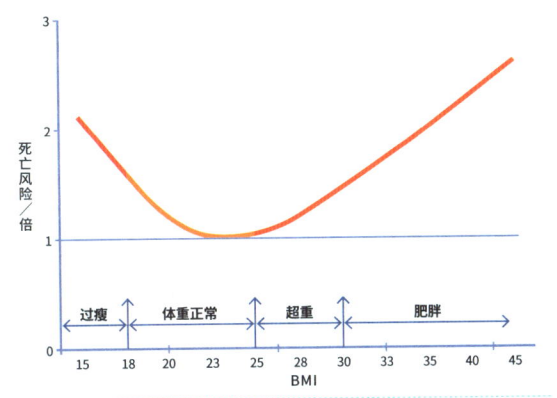

身体质量指数（BMI）与寿命的关系图

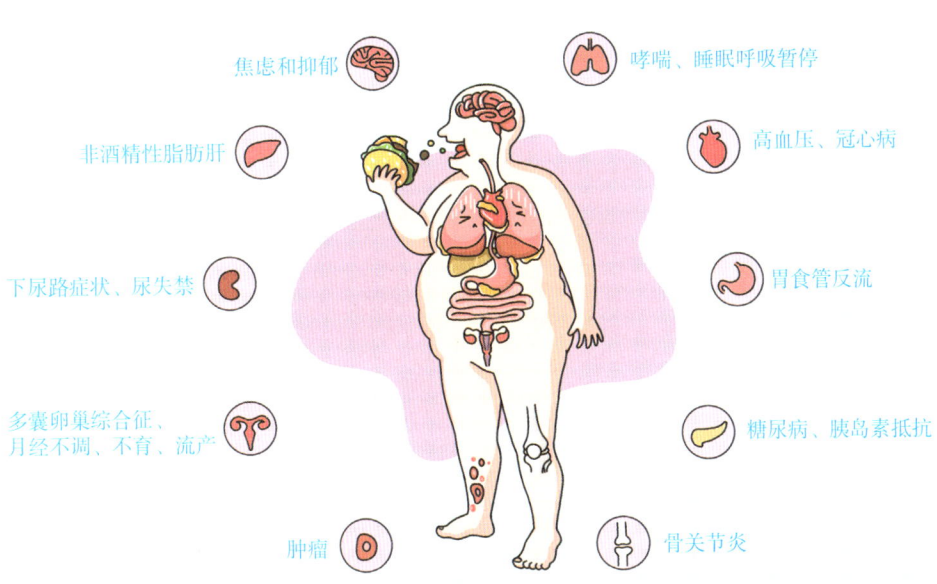

肥胖可导致的主要疾病

第一节　第一杀手技能：破坏血管

人体的血液循环系统功能与人的寿命直接相关，我们中国人常说的"气血旺盛"的征象主要就是血液循环系统功能强的表现，所以它还与人的精力、抗压能力、恢复能力、耐力等体现生命质量的能力直接相关，是与健康关系最密切的人体生理系统。

血液循环系统主要由心脏、血管和血液构成，故又简称心血管系统，由心脏提供动力，血液在相对封闭的血管系统中不断循环流动，主要有三大功能：①把氧和营养物质带到身体里的每一个细胞，给他们提供新陈代谢所需要的能量和物质，再把每一个细胞产生的代谢废物带到解毒和排泄器官，使得生命得以维持；②把神经和内分泌组织产生的信息物质（如激素等）带到特定的组织，使身体对特定刺激产生相应的反应和适应性改变，从而产生各种生理反应或生命活动；③把免疫细胞和免疫物质带到全身各处，构成人体免疫防御系统，及时抵抗和消灭外来有毒有害物质与生物体的侵害。如果把人体比喻成一座城市，那么心血管系统就像是这个城市的物流系统，包括道路、车辆、物资供应、垃圾清运等，如果物流顺畅，城市就会欣欣向荣，朝气蓬勃；而如果物流不畅，废物堆积，供给不足，城市就会腐朽没落，快速衰败。可以说，心血管就是健康金字塔的塔基，"根基受损则地动山摇"，可见维持血管健康是非常重要的。心血管系统的功能是否良好，主要看心脏的泵血功能以及血管的丰富程度、通畅程度与弹性，而在各种危害血管的因素中，高脂血症可以说是造成血管损伤的"第一杀手"。

> **高脂血症**
>
> 是一种由不良的饮食习惯与生活方式引发体内脂质代谢异常的慢性隐匿性疾病，也有极少数家族性高脂血症患者，是由于遗传导致胆固醇不能从血液中被迅速清除。高脂血症主要临床表现为血清总胆固醇（TC）、甘油三酯（TG）、低密度脂蛋白胆固醇（LDL-C）异常升高、高密度脂蛋白胆固醇（HDL-C）水平降低。

你希望你的身体"内环境"像哪一个城市？

高脂血症虽然常常被忽视，却是<u>首次发作即可能致死的疾病之中发病率最高的疾病</u>，所以也被人们称为"沉默杀手"。作为血管发生<u>动脉粥样硬化</u>的"内因"，高脂血症具有隐蔽性强、持续产生伤害、难调控、难量化等特征，还可与吸烟、饮酒、精神压力大等外部因素一起对血管产生叠加伤害。75%的心脑血管疾病致残或死亡病例是由动脉粥样硬化而导致的，因此有必要详细介绍一下高脂血症与动脉粥样硬化的关系。

有生活经验的人都知道，油比水黏稠，所以当血脂过高时，容易粘在血管壁上，形成斑块。道理似乎很简单，但是实际上健康的血管内皮光滑平整，脂质并不容易附着其上，所以喜欢吃"油腻食物"的儿童、青少年们动脉粥样硬化的发病率比热衷"清淡食物"的老年人要低得多，说明动脉粥样硬化的发生还需要另外一个必要条件，就是"<u>血管内膜</u>损伤、脱落"。

动脉粥样硬化 🔍

因某些原因导致动脉血管内皮细胞损伤或脱落后，局部可通过电荷吸引和抗体反应引起炎症反应，生成大量过氧化物，将从血液进入动脉内膜的 LDL-C 转变成"氧化型 LDL-C"，后者被巨噬细胞吞噬后形成泡沫细胞，泡沫细胞再聚集、裂解释放胆固醇，在动脉壁堆积，形成局部的斑块，外观呈黄色粥样，同时引起动脉弹性下降，故被称为动脉粥样硬化。

血管内膜 🔍

人体动脉壁的结构分为内膜、中膜和外膜3层，内膜是最里面的、直接接触血液的结构，它其实是一层形状扁平的内皮细胞。在我们年轻的时候，这层内皮细胞健康而充满活力，相互之间连接很紧密，使血管内壁光滑而平整，血液里的血脂很难附着其上。随着人的年龄增长，组织与细胞都逐渐衰老，有些内皮细胞逐渐死亡（凋亡）而脱落，暴露出内皮细胞下面的结缔组织和平滑肌，使血液里的脂质物质容易附着其上，形成动脉粥样硬化。

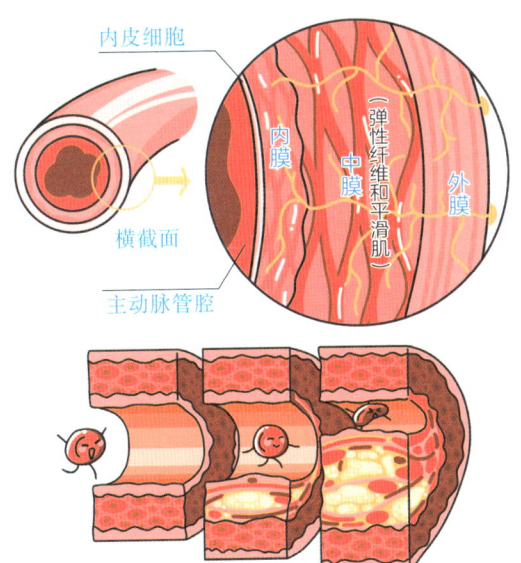

健康的血管内皮（上）
与动脉粥样硬化的发展过程（下）

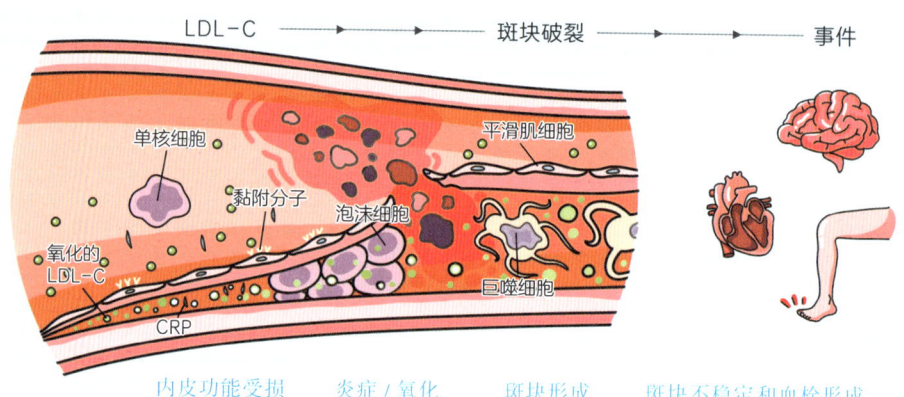

动脉粥样硬化发生机制

由此可见，粥样斑块形成需要两个必要条件：①血管内皮细胞的脱落或损伤，"启动"了粥样斑块形成。能够导致血管内皮损伤的原因主要是细胞衰老和高血压病，血压高导致血液流速加快，对血管内皮细胞的冲刷力（剪切力）强，使一些衰老的或者不健康的内皮细胞脱落。所以可以理解，为什么常见动脉粥样硬化，却较少见静脉粥样硬化，正是由于动脉中血压比静脉内血压高的缘故。吸烟、饮酒、熬夜、焦虑、高盐饮食等行为都会引起血压升高，所以这些不健康生活方式都是动脉粥样硬化形成的主要诱因；②血脂（尤其是胆固醇）水平过高，为粥样斑块的形成和增长"推波助澜"。导致血脂升高的原因主要是肥胖，也有人说糖尿病可导致高血脂。实际上大多数 2 型糖尿病人是先患上肥胖及高脂血症，引起胰岛素抵抗，然后才发生的糖尿病，所以肥胖和高脂血症是因，糖尿病是果。当然，无论是高血压、糖尿病还是高脂血症，它们与血管粥样硬化都是相互加重、恶性循环的关系：高血压会损伤血管内皮，诱发动脉粥样硬化，而动脉粥样硬化会使得血管弹性下降，使血压进一步升高，加重高血压；高血脂和长期慢性炎症，可加重胰岛素抵抗，导致糖尿病，而高血糖会加速血管硬化，进而加重高血压。这也是为什么许多慢性病患者会同时患有肥胖、高脂血症、高血压、冠心病和糖尿病当中两个以上的疾病（并发症）的原因，而如果同时患上这几种病，其对健康的危害也会相互叠加、交互诱发和促进，严重影响患者寿命。

胰岛素抵抗

指因各种原因使身体组织细胞对胰岛素的敏感性下降，导致细胞摄取和利用葡萄糖的效率下降，血糖持续升高。机体不得不代偿性地分泌过多胰岛素，以使细胞能够获得足够的葡萄糖，最终导致高胰岛素血症的发生。长期的胰岛素抵抗可导致胰岛细胞早衰和功能下降，直至无法再分泌足够多的胰岛素时，血糖将持续升高，此时可临床诊断为 2 型糖尿病。可以说，胰岛素抵抗是导致糖尿病发生的原因。

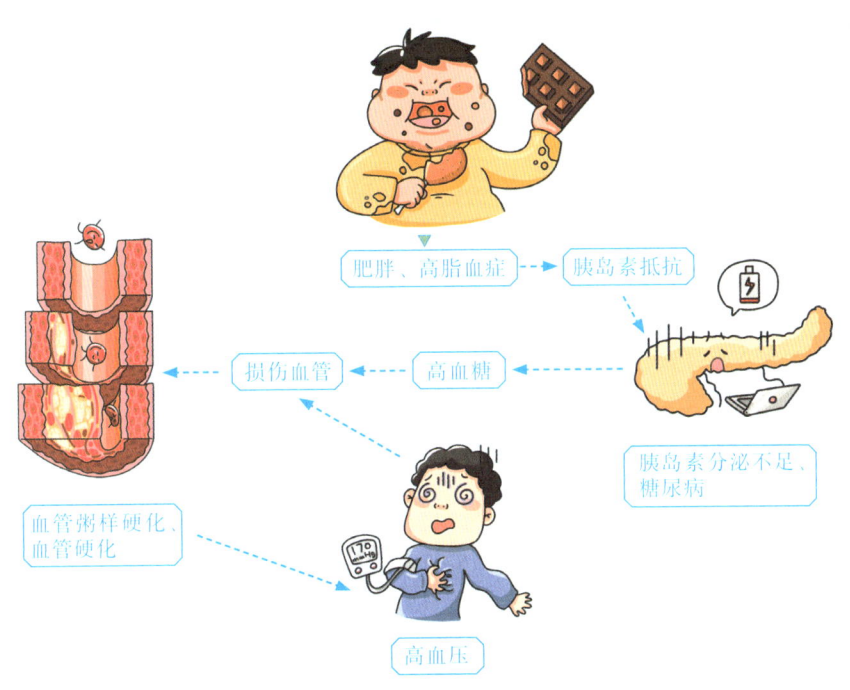

血管粥样硬化、糖尿病、高血压的恶性循环关系图

为什么许多人步入老年以后，即便饮食寡油少盐，常吃粗粮和蔬菜水果，生活节奏悠闲，生活方式可以说非常健康，却仍然难免患上动脉粥样硬化、冠心病等慢性疾病呢？其实这是身体"衰老"的结果，与机器使用多年后，即使再用心维护也难免发生零件老化是一个道理。随着年龄的增长，血管内皮细胞会自然老化和凋亡而发生脱落，血脂水平即便不超标，也会有一些附着到血管壁上，形成粥样斑块，这是不可避免的自然现象。既然慢性病不可避免，那么我们坚持规律运动、合理营养、控制体重等健康生活方式的意义是什么呢？主要是<u>尽可能推迟那些"衰老"性慢性病的发病年龄</u>，慢性病从开始发病到产生致命伤害往往需要十几年到几十年的时间，所以慢性病发病时间越晚的人就越长寿。在笔者接触过的肥胖患者中，有些二十多岁的青年患者在体检时就发现了高脂血症、脂肪肝、血糖升高、血压升高、甚至肝功能和肾功能受损等症状，这些"信号"提示他，如果不减肥并改变不良的生活方式，将早早患上慢性病，严重影响中老年阶段的生活质量，乃至影响寿命。实际上不仅是青年人，在任何其他年龄段，肥胖人群的健康状况往往都是最差的。所以，我们应该从年青时期就养成健康的生活习惯，规律运动、合理营养、控制体重、控制情绪，学会舒缓精神压力，更要长期坚持，从而收获充满活力的健康人生。

第二节 第二杀手技能:破坏内分泌

人体的内分泌系统就像是一个巨大的信息网络,十分庞大和复杂,从宏观的器官功能表现到微观的分子反应与转化,调节着全身每一个细胞的**能量代谢**、**物质代谢**与生理机能,可谓是事无巨细、全面管理,具有毋庸置疑的重要性。而数以百计的激素与调节因子之间相互或放大、或拮抗、或协同、或干扰,其信息调控机制非常复杂,几乎无人能够说清楚。

能量代谢、物质代谢

能量代谢指人体与外界环境之间的能量交换和人体内能量转移的过程。具体来说,人体生命活动所需的能量来自食物中的糖类、脂肪和蛋白质,因此这3类营养物质在有机体内的消化、吸收、运转、氧化代谢、废物排泄等,就构成了能量代谢的主要过程。物质代谢指各种物质在体内的消化、吸收、转运、合成、分解等化学过程;能量代谢与物质代谢过程是相互伴随着进行的,不是两个独立的系统,但人体内物质代谢除了包括能量物质代谢以外,还包括激素、功能物质、矿物质、维生素等非能量物质的代谢过程,所以物质代谢涉及的范畴更大、更广泛。

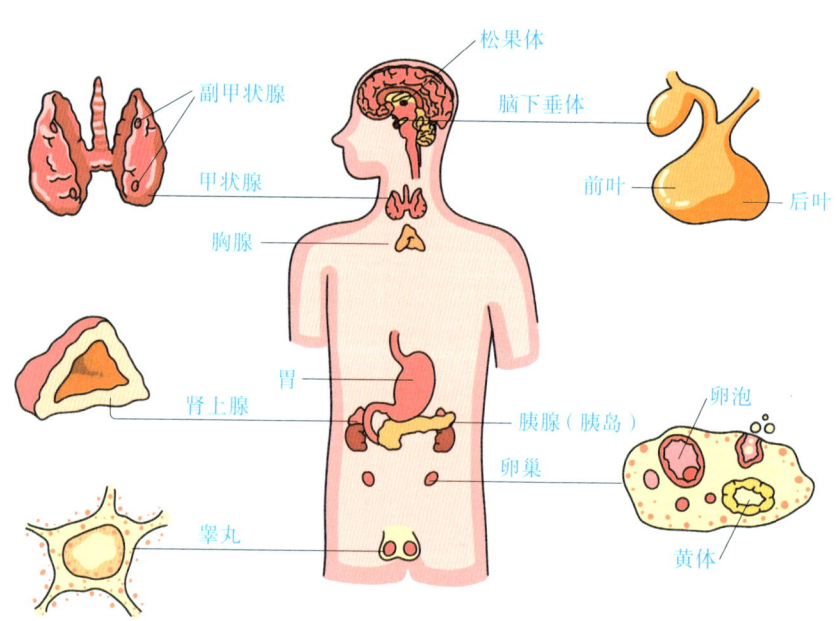

传统概念上的人体内分泌系统

传统概念上的人体内分泌系统主要由下丘脑、垂体和内分泌组织组成。近20多年来，随着科技手段的飞速进步，人们发现传统内分泌系统其实只是人体内分泌系统的"主枝干"，还有大量的"细枝末节"在逐渐被人们发现，许多过去人们认为不具备内分泌功能的组织例如肝脏、肾脏、血管、肌肉、骨骼、脂肪等，现在都被发现也能够分泌各种形式的信息物质，可以引起附近、远处，乃至全身组织的代谢或生理机能变化，这些新发现使得内分泌系统的组成与调节机制愈加复杂，也使得激素的内涵进一步拓展，新增了许多"调节因子"。例如脂肪分泌的具有内分泌调节作用的因子，统称为"脂肪因子"，如瘦素、脂联素、apelin、抵抗素、内脂素、网膜素、vaspin、脂质运载蛋白2、nesfatin 1、胎球蛋白A、chemerin和脂肪酸结合蛋白4（FABP4）等；肌肉分泌的具有内分泌调节作用的因子，统称为"肌肉因子"，如鸢尾素、胰岛素样生长因子、成纤维细胞生长因子和睫状神经营养因子等。新发现的"因子"数量增长太快，以至于许多新发现的因子还没有中文命名。

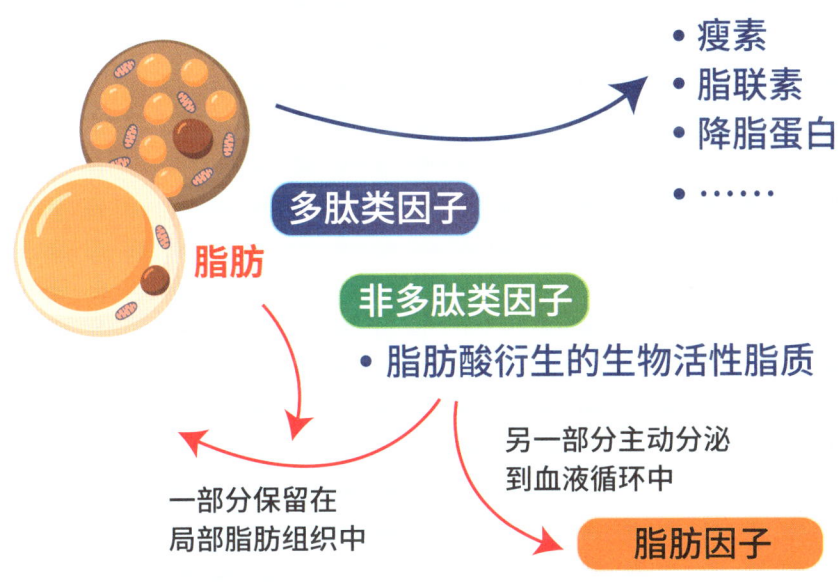

脂肪因子
新发现的内分泌组织还有很多，并非只有传统内分泌器官能够分泌激素

曾经的"减肥明星们"——脂肪因子与肌肉因子

2012年1月发表在《自然》杂志（世界顶级科学论文期刊之一）上的一篇文章，报道说研究者们发现了一种能够使白色脂肪转化为棕色脂肪的新激素，据称这一发现使得肥胖的临床治疗看到了新希望。研究者用Iris——彩虹女神（又被称作信使女神）的名字给这种激素命名为"Irisin"，即鸢尾素。这是一种由肌肉分泌的细胞因子，可以诱导白色脂肪细胞转化为棕色脂肪细胞，我们知道白色脂肪细胞里面线粒体很少，所以没办法自己燃烧自己储存的脂肪，而棕色脂肪细胞里面有丰富的线粒体（所以颜色比白色脂肪要深，被人们称为棕色或褐色脂肪组织），在成人体内的含量虽然很少，但它非常擅长燃烧脂肪，其产热效率极高，一小块棕色脂肪组织就能够燃烧大量的脂肪产生热量，这些热量主要用于升高体温，许多北方人棕色脂肪相对较多，所以冬天不怕冷。鸢尾素主要是由运动后的肌肉生成的，寒冷能够促进其生成，所以冬季运动，例如冬泳，能够帮助人们生成更多鸢尾素。这里要划重点——鸢尾素是运动后的肌肉分泌的，所以少动多坐的话就无法发挥其作用了，而且肥胖和胰岛素抵抗能造成血液鸢尾素水平的下降，进一步加重肥胖。其他脂肪分泌的细胞因子如脂联素、内脏脂肪素、抵抗素等，分别有增加胰岛素敏感性、类胰岛素作用、减轻慢性炎症和降低胰岛素敏感性等作用，在肥胖人群，脂联素分泌会减少，内脏脂肪素和抵抗素则分泌增加。上述这些细胞因子在刚被人们发现的时候都曾经轰动一时，每一个都被当作有望解决肥胖问题的"希望之星"，但经过深入研究之后，又都逐渐归于平淡，因为人们发现它们对人体功能与代谢的调节作用都很有限，都仅仅只是人体内分泌网络中的普通一分子，不论哪个因子发生了过大变化，都会带来其他内分泌因子的代偿性改变，甚至拮抗作用，表现为身体组织对该激素或因子不再敏感，也被称为"抵抗"。即便是强行通过外来手段（如注射人工合成的瘦素、鸢尾素等）来提高其水平，其总体效果也往往达不到人们的期望，还可能带来新的内分泌紊乱。所以，一个功能正常的内分泌网络，会始终在努力保持平衡，在局部发生改变后有足够的代偿能力使激素之间的作用维持均衡；一旦失去平衡，则大多会带来健康损害。例如，肥胖导致"胰岛素抵抗"的原因首先是由于脂肪的过度堆积，使得"脂肪细胞因子"分泌异常增多以对抗脂肪合成，而胰岛素是促进脂肪合成最重要的激素，因此脂肪细胞因子分泌增加的总体效应最终会导致胰岛素抵抗加重。

人体之所以会进化出如此多层级、多通路的复杂内分泌系统，显然是为了使得各种代谢与功能的调节更加细致，更容易达到"平衡"和形成稳定的内环境，这对维持生命活动顺畅、有序、合理地运行非常重要。可是当人体变肥胖之后，由于脂肪的过度堆积，就会打破代谢平衡，造成内分泌紊乱。肥胖引起内分泌紊乱的主要原因包括：①因脂肪细胞分泌"脂肪因子"的数量异常增高而直接引起内分泌失衡；②造成胰岛素抵抗，导致胰岛素分泌异常增高；③大量的脂肪堆积在内分泌器官或组织内，造成炎症和坏死，使得脏器功能减退或障碍。

脂肪肝的进展

脂肪在细胞中堆积造成脏器功能障碍，正常的脏器与"肥胖"的脏器工作能力差别很大

我们都知道"人体组织的功能和寿命是有限的"，那么如果问大家一个问题"哪个组织或器官的寿命决定了人一生能吃进去的食物数量？"答案一定五花八门，恐怕大多数人会认为是胃、肠道、肝脏，甚至是牙齿等消化道器官或组织。然而，正确答案是"胰腺中的胰岛"，也就是胰岛β细胞的寿命以及它分泌胰岛素的能力。首先因为胰岛素是最重要的能量代谢调节激素，葡萄糖是人体最重要的能量物质，而胰岛素是唯一的降糖激素，具有不可替代性，缺乏胰岛素的1型糖尿病患者一发病就必须依靠注射胰岛素才能生存，足以证明胰岛素对人的重要性；其次，胰岛

胰岛 β 细胞

人类的胰岛主要由4类内分泌细胞组成，包括α细胞（又称A细胞，占胰岛细胞的15%~20%，分泌胰高血糖素）；β细胞（又称B细胞，占胰岛细胞的65%~80%，分泌胰岛素）；δ细胞（又称D细胞，占胰岛细胞的3%~10%，分泌生长抑素）；以及PP细胞（占胰岛细胞的1%，分泌胰多肽）。β细胞是人体内唯一能分泌胰岛素的细胞，因此对于维持血糖及能量代谢稳态起着关键作用。

凋亡

又称程序性细胞死亡,生物学上用于描述细胞因衰老而死亡的现象。通过凋亡,机体能清除衰老及异常细胞,因此在维持细胞功能方面有重要作用。如果细胞因发生变异而关闭了凋亡机制,可能会转化为癌细胞,所以凋亡也是人体重要的自我保护机制。

素是唯一一种能够同时促进糖原、脂肪和蛋白质合成并储存在体内的激素,是人体在生长、发育、恢复过程中的重要参与者;另外,胰岛β细胞还是唯一一种会因为食物摄入过多而发生功能衰竭的内分泌组织,这种功能衰竭往往伴随着大量胰岛β细胞过早地因为衰老而死亡(凋亡)。所以,一个人能吃进去多少食物,取决于他的胰岛有多健康。

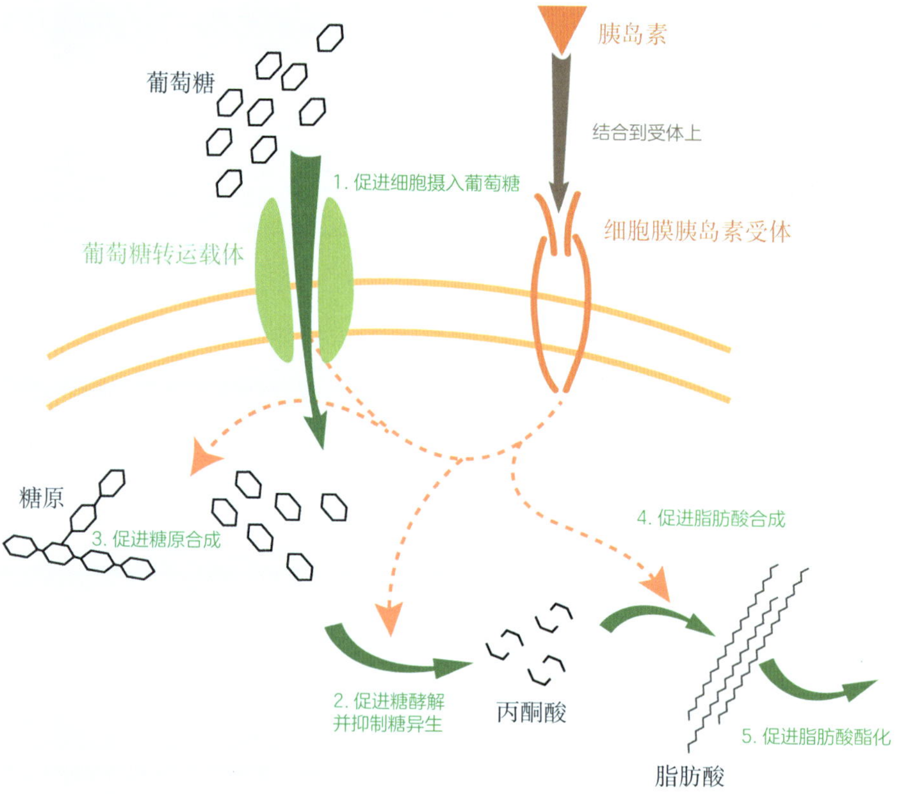

胰岛素的功能

为什么食物吃得太多，会加速胰岛β细胞凋亡？原因很简单——"过劳死"。每次进食之后，食物在胃肠道中被消化吸收进入血液，使血液中的葡萄糖和氨基酸浓度升高，就会刺激胰岛β细胞分泌胰岛素。如果人们经常性地大量进食，就会经常刺激胰岛素过度分泌，给胰岛β细胞带来沉重负担，同时血液中胰岛素水平异常升高，形成高胰岛素血症，高胰岛素血症可诱发黑棘皮病、心血管疾病甚至乳腺癌等。例如网上一些吃播的主播皮肤明显较黑，脖子、腋窝或腹股沟等有褶皱的部位有大量黑色素沉着（黑棘皮病），就是过

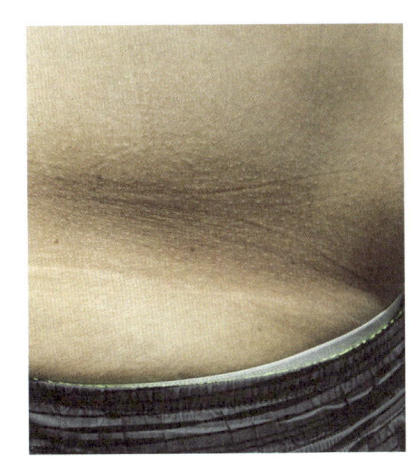

高胰岛素血症引起的黑棘皮症

度进食导致高胰岛素血症的证据，尤其是本来肤色比较黑的人，出现黑棘皮病的概率会更高。所以如果人们长期贪图口腹之欲，经常大量进食，使消化系统得不到充分休息，就会使得一些胰岛β细胞过度疲劳，过早地凋亡，数量减少。当胰岛β细胞数量减少到50%左右，就会因胰岛素相对不足、血糖无法控制而发生"糖尿病"。另外，经常过度进食还容易造成肥胖，肥胖又会使得组织器官对胰岛素的敏感性下降，出现胰岛素抵抗，使得本来就分泌不足的胰岛素更加不够用，那些幸存的胰岛β细胞更加的疲劳，形成恶性循环。因此，大多数2型糖尿病患者，都有肥胖史，以及生活方式不健康史。

因此，大家就不难理解，为什么近几十年来，在全世界范围内，2型糖尿病发病率会随着肥胖发病率的逐年递增而同步增长。尤其是在我国，肥胖与糖尿病患病率的增速双双达到世界第一，患者的数量也达到了世界第一。据中国疾病预防控制中心慢性非传染性疾病预防控制中心报道，2013—2018年，我国成人糖尿病前期患病率从35.7%上升到38.1%，糖尿病标化患病率从10.9%上升到12.4%，70岁以上人群患病率更是高达27.3%，防控形势不容乐观。

归纳起来看，肥胖引起内分泌紊乱并最终发展为糖尿病可以概括为3个步骤：①吃得太多，胰岛素分泌多，帮助身体储存能量，结果使脂肪增加 → ②脂肪太多，身体不喜欢，分泌细胞因子，对抗胰岛素，造成胰岛素抵抗 → ③胰岛被累坏，早衰凋亡过半，无法降低血糖，最终患上糖尿病。所以不论是治疗糖尿病还是减肥，都要首先管住嘴，控制进食量；治疗糖尿病，则首先要减脂，以降低胰岛素抵抗，让胰岛得到休息，才有可能逐渐恢复功能，甚至实现"逆转"。

第三节 第三杀手技能：破坏免疫

十多年前有句广告词流传甚广"牙好胃口就好，身体倍儿棒，吃嘛嘛香"，说明牙齿对健康很重要。在人们看来，肥胖者往往都有一副好牙齿，但研究表明，他们其实更容易患口腔疾病，尤其是慢性牙周炎症，它会引起破骨细胞生成增加，导致牙槽骨骨质流失，开启"自动拔牙模式"，所以肥胖者的牙齿脱落得比体重正常者更早。肥胖者牙周容易发炎其实只是冰山一角，实际上他们全身各组织都处于长期慢性炎症状态，这种状态不仅会使免疫应答变得迟钝（免疫力下降），也可以使免疫应答变得异常敏感且难以控制（过敏），更危险的是，慢性炎症已经被证实是导致心脏病、脑梗死、癌症、糖尿病、阿尔茨海默病（老年痴呆症）、过敏、增生囊肿等慢性疾病的主要原因。慢性炎症可能十几年没有明显症状，但却时刻侵蚀着我们的健康，一旦发病就不可逆转。慢性炎症对健康的危害如此之大，以至于科学家们把对其危害性的认识称作是一个"划时代的发现"。理想的炎症反应应该是快速有效、且具有特异性和自我限制性的，但如果响应过当且不能自我限制时人体会出现过敏反应；响应迟钝则会使免疫力下降，机体容易被病原体感染。肥胖所导致的，是免疫系统的响应异常、功能失调，即可能过敏也可能造成免疫力下降，这就解释了为什么肥胖人群容易生病，而且反复感染，或感染迁延不愈，同时他们也容易过敏，患上类风湿关节炎、系统性红斑狼疮、白癜风等自身免疫病的概率更高。由于肥胖者体内都隐藏着慢性炎症这样一个"沉默杀手"，所以世界上不存在所谓"健康的胖子"。

慢性炎症 (chronic inflammation)

免疫系统肩负着"攘外、安内"两种职责，其中"攘外"是指外来病原体引起的感染性炎症（infectious inflammation），常表现出"红、肿、热"现象，这是由各类炎症因子所引起的局部血管扩张、血流增加、免疫细胞向感染组织渗透并与外来病原体斗争的结果；"安内"是指免疫系统也肩负着清除机体内部的有害物质、衰老细胞或异常组织的作用，例如及时发现和消灭各种可以导致重要疾病（包括肿瘤）的变异，在此过程中也会产生局部或全身性炎症反应，这类炎症被称为"非感染性炎症"（non-infectious inflammation）。有些非感染性炎症没有得到治疗而仅仅是达到某种程度的控制，就会造成一种长期存在的炎症状态，这种情况被称为"慢性炎症"。

免疫应答迟钝

是指人体免疫系统对病原体敏感性下降，出现免疫反应延迟的现象。肥胖可造成免疫应答迟钝，美国波士顿大学口腔生物学家Salomon Amar和同事用一个动物实验证明了这一观点：他们给5只小鼠喂食高脂肪食物，使得它们的体重增长到正常小鼠的1.5倍，变成肥胖小鼠；然后让这些肥胖小鼠和其他一些体重正常小鼠同时感染上一种口腔细菌——牙龈卟啉单胞菌，结果发现，感染后10天内，肥胖小鼠牙齿根部周围骨质的损失要比正常小鼠多出40%以上。接下来，研究人员分别向正常小鼠和肥胖小鼠的尾部注射了牙龈卟啉单胞菌，结果体重正常小鼠的免疫系统对感染作出了积极响应，而肥胖小鼠免疫系统的响应却非常迟钝。

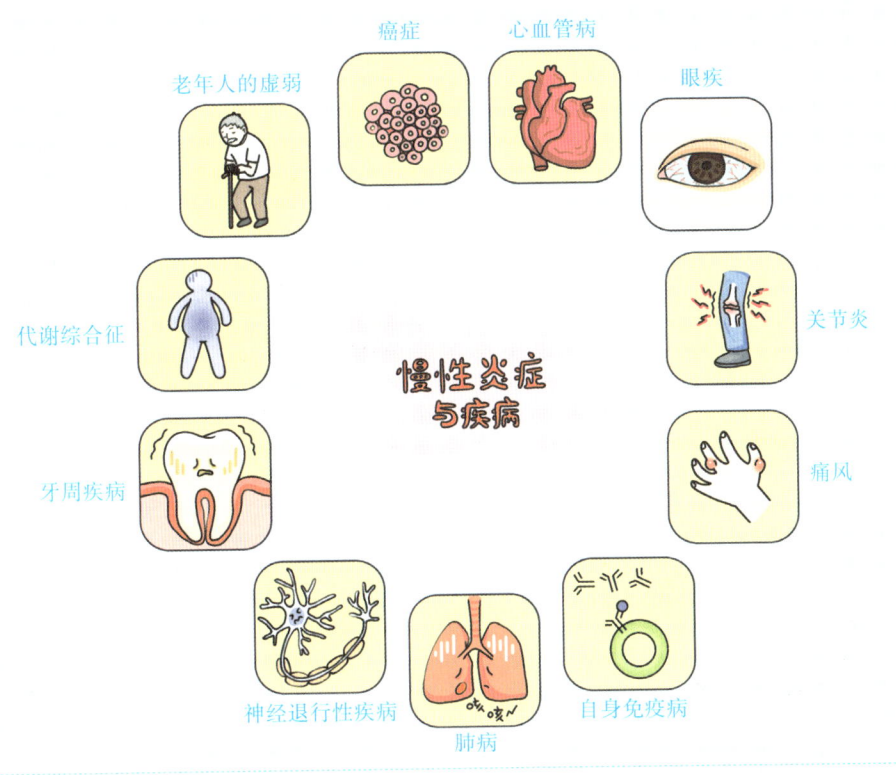

慢性炎症可导致心血管病、神经退行性疾病、肺病、癌症、代谢综合征、关节炎、自身免疫病等慢性疾病

小知识

肥胖是如何引起慢性炎症的？

关于肥胖如何引起慢性炎症的具体机制目前尚不清楚，不过多数免疫学家认可的一个机制是由于脂肪过度堆积引起巨噬细胞的聚集和分泌大量致炎因子。在体重正常者中，脂肪组织内的巨噬细胞（adipose tissue macrophages，ATM）数量约占脂肪组织细胞总数的2%，而在肥胖者中，其数量会随着肥胖程度的增加而增加，占脂肪细胞总数的比例最多可达50%。巨噬细胞是活跃的免疫细胞，它会分泌大量能够加重炎症的致炎因子，以及脂肪细胞因子，引起局部血液循环加速，组织液渗出，吸引来更多的免疫细胞，从而形成慢性炎症状态。但是这些致炎因子不会只待在脂肪细胞里，而是会随着血液扩散到全身，所以研究人员发现肥胖者血液当中的肿瘤坏死因子、白介素-6（IL-6）、内脏脂肪素、瘦素、抵抗素等促炎因子浓度较高，而抗炎因子脂联素的水平较低，这就使得肥胖者的全身都处于低度炎症状态。这种炎症是一种独特的慢性炎症，被称为代谢性炎症反应（metainflammation）。

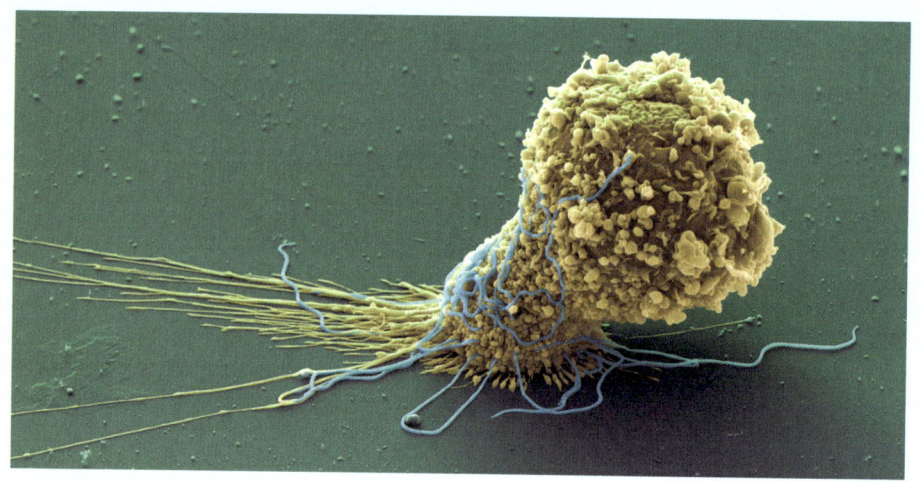

电子显微镜下的巨噬细胞

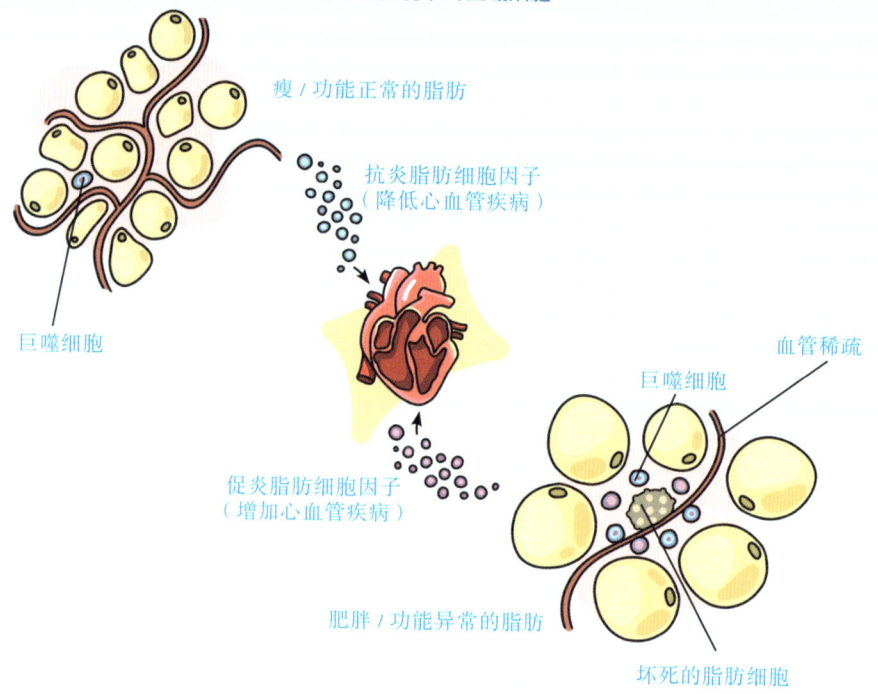

慢性炎症主要与肥胖引起的巨噬细胞聚集有关

慢性炎症是如何伤害身体的？

在大多数人的认知中，炎症反应是身体对抗各种外部感染时发生的应激反应，是身体的保护性机制。那为什么慢性炎症（代谢性炎症反应）会给身体带来伤害呢？主要原因有以下几个方面：①慢性炎症是导致免疫系统积劳成疾、逐渐衰竭的主要原因之一，尤其是在老年人群中，伴随着人的衰老，慢性炎症会加速细胞毒性T淋巴细胞和自然杀伤细胞（NK细胞）的凋亡与功能下降，使得老年人癌症的发病率大大升高，因为这两种细胞是构成机体抗病毒、抗肿瘤免疫的重要防线。据报道，慢性炎症与1/4以上的肿瘤发生有关系；②慢性炎症会伤害身体正常组织和器官，因为免疫系统杀灭病原体和有害组织的武器是活性氧（自由基），而活性氧并不能区分正常细胞和异常细胞，所以会同时伤害它们。正常组织受伤后会不断自我修复，修复的过程中又引发新的炎症，使得"受伤－修复－炎症"形成长期的"拉锯战"，造成正常细胞长期遭受损伤，加速了器官和组织的衰老与功能退化，最终导致心血管疾病、糖尿病、阿尔茨海默病、囊性增生、癌症等疾病的发生。以心血管疾病为例，慢性炎症诱发生成的活性氧会大面积地损伤正常的血管组织；还可以促进胆固醇氧化，使之转化为"氧化型胆固醇"，加重动脉粥样硬化；或导致斑块破裂出现急性冠脉综合征（ACS），引发心肌缺血或梗死。同样的道理，如果这些损伤发生在大脑，就会导致脑血管损伤、出血或血栓，以及神经细胞坏死，引发阿尔茨海默病、脑血栓等。目前2型糖尿病也被认为是一种慢性炎症疾病，近年来有许多研究显示，慢性炎症可以干扰胰岛素信号通路的信号转导，加重胰岛素抵抗，还可以直接攻击胰岛β细胞，加速其凋亡。

慢性炎症是一种弱化的"免疫应激"状态，只有用高精度的检测方法检测分子水平的免疫指标，检测到肿瘤坏死因子α（TNF-α）、白介素-1β和C反应蛋白（CRP）等促炎症细胞因子超标达到2倍以上才能诊断。目前常规的健康体检并无以上这些测试项目，所以慢性炎症一般很难从普通体检指标中被发现。那么，有没有自己就能判断有无慢性炎症的简单方法呢？以下几种判断方法可供参考：

①腰围增粗：俗称"将军肚""啤酒肚"，是内脏脂肪增加的直观表现，而内脏脂肪是全身性慢性炎症的主要来源，所以内脏脂肪增加对健康的危害最大。

②经常性腰痛、背痛、肩膀痛：全身疼痛常常被认为是久坐或坐姿不正确导致肌肉紧张或软组织受伤，其实它可能是经久不愈的慢性炎症的反映。

③反复口腔溃疡：经常且反复出现口腔溃疡以及牙龈炎等口腔炎症，说明体内存在慢性炎症感染源，如牙周炎、牙龈炎、中耳炎、胃肠炎等。

④男性阳痿（衰老除外）：慢性炎症需要消耗大量一氧化氮，造成勃起所需要的一氧化氮严重不足。因此，治疗这类阳痿吃伟哥无效，应该治疗慢性炎症。

出现这些症状表明体内可能有慢性炎症

以上一些简单判断方法可以帮助我们初步判断自己是否有慢性炎症,如患有糖尿病、高血压等疾病者出现上述症状,说明慢性炎症更严重,当然出现以上症状也并不能确诊有慢性炎症,如果要进一步确诊还是需要找专业机构检查自己的血液C反应蛋白(CRP)和促炎症细胞因子如TNF-α、IL-6等指标。

总之,千万不能忽视慢性炎症,今朝防"慢症",可以避免将来患"急症"。而对于肥胖引起的炎症,减肥是最对症的"消炎药"。

第四节 第四杀手技能：致癌

许多人不知道肥胖是一种强致癌因素，或者即使知道也很难相信，所以有必要好好介绍一下它们之间的关系。

癌症发生的根本原因是基因突变。人类有两万多个基因，其中有一百多个原癌基因和抑癌基因与癌症有直接关系，癌症的发生就是因为这些基因发生了突变。基因突变主要发生在 DNA 复制期间，即细胞分裂的时候，而细胞每次分裂都会产生突变，幸好绝大多数突变都不在与癌症相关的基因上，因此癌症发生是极小概率事件。但是如果细胞分裂的次数多了，原癌基因与抑癌基因发生突变的概率就会被放大。那么细胞什么时候会分裂呢？是在细胞生长或者修复的时候，包括以下几种情况。

①年龄增长：人体细胞在一生中会分裂 50~60 次，岁数越大，细胞经历的分裂次数越多，所以老年人比年轻人癌症发病率高。2024 年国家癌症中心发布的全国癌症报告显示，我国城市居民 40 岁之后癌症发病率快速提升，80 岁达到高峰。绝大多数发病率高的癌症如肺癌、肝癌、胃癌、直肠癌等都是在老年人群中高发的癌症，说明导致癌症最重要的因素是年龄，所以随着人类平均寿命的增加，癌症的发病率越来越高是不可避免的。

癌症发病率
(Cancer incidence and mortality in China, 2022)

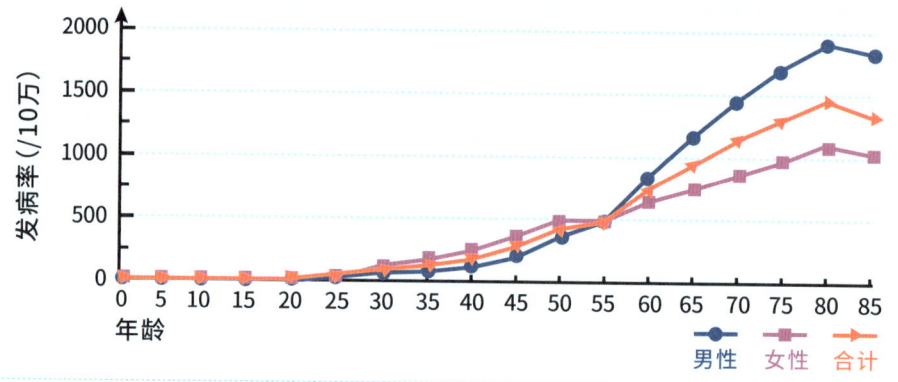

癌症发病率
(Cancer incidence and mortality in China, 2022)

②遗传差异：每个人的细胞分裂一次产生突变的数目是不同的，这个主要受遗传影响，有些人天生就携带一些特殊基因，这些特殊基因不会直接导致癌症，但是会让他们的细胞分裂时产生基因突变的数目大大增加，这类人得癌症的概率就要比其他人高很多。

③人体组织反复损伤：组织受到损伤后需要修复，而修复需要靠细胞分裂来完成，因此损伤与修复越多，细胞分裂次数就越多，越容易诱发癌症。例如：太阳暴晒会损伤皮肤细胞，因此皮肤晒伤次数和皮肤癌直接相关；抽烟或者重度空气污染会损伤肺部细胞，因此可增加肺癌发病率风险；吃刺激性强或受污染的食物会损伤消化道表皮细胞，因此长期喝过热的水，或者吃重辣，或者吃受污染的食物会增加食道癌、胃癌、大肠癌、直肠癌的发病率；慢性乙肝病毒伤害肝细胞，因此乙肝病毒携带者肝癌发病率高；幽门螺旋杆菌伤害胃黏膜，造成胃溃疡或十二指肠溃疡，因此幽门螺旋杆菌携带者胃癌发病率高等。

那么癌症和肥胖有什么关系呢？2017年2月医学期刊BMJ在线发表的一份Meta分析显示，约有11种恶性肿瘤——食管腺癌、多发性骨髓瘤、胃贲门癌、结肠癌、直肠癌、胆道系统肿瘤、胰腺癌、绝经后乳腺癌、绝经前子宫内膜癌、卵巢癌和肾癌与肥胖有显著的相关性。该研究还指出，成年女性体重每增加5千克，绝经后发生乳腺癌的风险增加11%；成年女性腰臀比每增加0.1，子宫内膜癌风险增加21%；成年男性BMI每增加5千克/平方米，结直肠癌风险增加9%，而胆道系统肿瘤的风险可增加56%。

肥胖为什么会容易诱发消化系统恶性肿瘤以及女性生殖系统恶性肿瘤？主要原因有2个方面：①肥胖扰乱内分泌，例如使胰岛素水平升高，女性雌激素水平升高等，从而使这些激素调控的组织生长与分裂次数增加；②肥胖引起的慢性炎症会产生大量的活性氧簇、细胞因子、趋化因子和生长因子等炎性介质，改变细胞内环境，其引发的级联反应能够诱导细胞分裂、增殖,以及直接导致遗传物质 DNA 氧化损伤,这些基因突变的增殖细胞在炎性微环境中连续地失控性增殖,可引起修复程序混乱,最终发生癌变。

以肝脏为例,伴随着肥胖及其相关代谢综合征全球化的流行趋势,非酒精性脂肪性肝病(NAFLD)现已成为欧洲、北美洲等发达国家和我国富裕地区的主要慢性肝病之一,这个名字看起来"不明觉厉"的疾病其实就是过去常说的"脂肪肝",但不是因大量饮酒引起的脂肪肝,而是特指因为肥胖引起的脂肪肝。这个病很常见,之所以突然成为当前研究热点,是因为近年来发现它与肝硬化和肝癌相关度很高,同时调查显示,它的发病率在全球范围内突然增加,全球普通成人非酒精性脂肪性肝病患病率可达 10%~30%,我国则接近 30%。非酒精性脂肪性肝病是由肥胖、高脂血症等造成的,其病理特点是脂肪(主要指甘油三酯)在肝细胞内不断蓄积,逐渐挤占了肝细胞内主要的空间,并把其他细胞器挤压得无法正常工作,最终导致细胞坏死,引起炎症反应。炎症反复破坏肝脏结构,使肝小叶结构逐渐完全毁坏,代之以假小叶形成和广泛纤维化,进而发展成小结节性肝硬化(见下图)。这个过程中,反复的损伤和修复使得基因突变概率大大增加,进而诱导肝癌的发生。非酒精性脂肪性肝病一旦形成,目前是没有药物能够治疗和逆转的,形成肝硬化之后,如果依赖医学手段,只能靠肝移植来治疗,但在未转变为肝硬化之前,运动却能够治疗和改善非酒精性脂肪性肝病。相关研究显示,运动可以增加肝脏中激酶 AMPK 的活性,减少脂质合成并增加脂质的氧化分解,使肝脏炎症得以减轻。有研究报道,在饮食诱导的非酒精性脂肪性肝病的小鼠模型中,相比对照组,4 周跑轮运动可以抑制肝脏脂肪变性的发展。

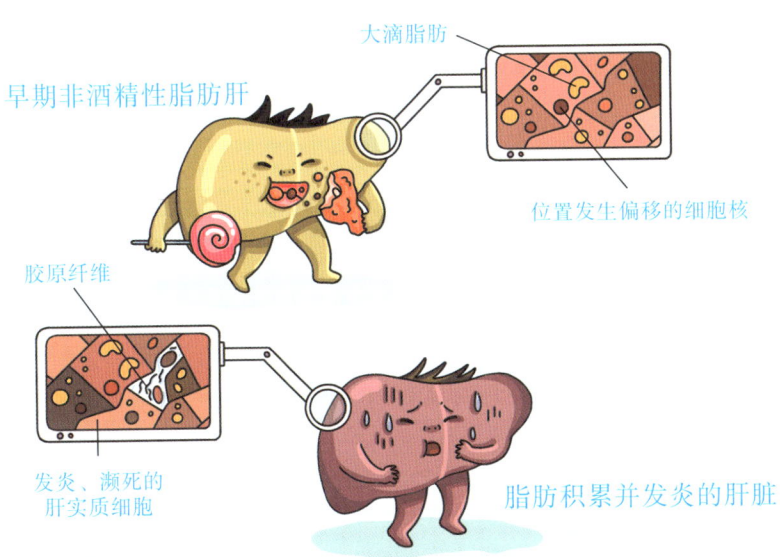

非酒精性脂肪肝逐渐破坏肝组织最终导致肝硬化

非酒精性脂肪肝逐渐破坏肝组织最终导致肝硬化（续）

再以乳腺为例，动物学及流行病学相关文献都表明肥胖与绝经后乳腺癌的关系密切，曾经一度被绝经后女性追捧的雌激素替代疗法（即口服或注射雌激素、孕激素等改善更年期症状或绝经后骨质疏松症的激素替代疗法），其使用的药物于2017年被世界卫生组织国际癌症研究机构宣布为一类致癌物，原因是可导致乳腺和子宫肿瘤的发病率升高。其机制是雌激素能够刺激人类乳腺导管的生长，促进乳腺腺泡的发育及乳汁生成，增加乳腺导管和腺泡细胞分裂的次数。年轻时内源性雌激素水平越高的女性，绝经后患乳腺癌的风险也越大，这与年龄增长和高雌激素水平导致乳腺细胞分裂次数过多有关；而肥胖女性在绝经后体内雌激素水平较高，这可能是她们乳腺癌发病率高的原因。因此，保持合适的雌激素水平，以及避免绝经后肥胖，是减少乳腺癌发生的重要原则。另外，雌激素有加强臀部和下肢皮下脂肪增长的作用，因此雌激素水平高的女性多有下半身肥胖的特征，下半身肥胖与高雌激素水平相互促进，使下半身肥胖的女性减肥比较困难，需要付出更多努力来控制体重。

小知识　　　　**为什么肥胖会导致女性雌激素水平升高？**

在育龄妇女体内的脂肪组织中有一种芳香化酶，可以将雄激素转化为雌激素，而且是雌激素生成的限速酶（决定雌激素生成速度的酶），经脂肪细胞转化合成的雌激素可占到体内雌激素总量的1/3左右，因此脂肪总量对雌激素水平有显著的影响。有研究报道绝经后肥胖女性的皮下脂肪组织、大网膜脂肪组织中芳香化酶的基因表达水平高于正常体重女性，因此肥胖女性雌激素水平更高，但有个体差异，也有少数肥胖育龄妇女雌激素水平并未过高。

肥胖除了会导致癌症发生概率升高以外，还会加重癌症的病情，因为有研究发现，肥胖可以改变细胞外基质，加快癌症的转移。因此相比瘦弱人群而言，肥胖人群的癌症转移发生率较高。

综上所述，肥胖不仅能够提高多种癌症的发病率，而且能够加速癌细胞转移，因此肥胖对于人类寿命而言，是一个重大的危险因素。

细胞外基质

细胞外基质（ECM）是一种由胶原蛋白、弹性蛋白、纤维蛋白、酶类、层粘连蛋白和其它糖蛋白组成的复杂混合物，我们可以把它理解成是细胞的支架，它将细胞连接在一起，形成组织、器官，并且还含有大量信号分子，积极参与控制细胞的生长、形状、迁移和代谢活动。研究人员在动物实验中发现，来自患有肿瘤的肥胖小鼠体内的ECM能够明显促进肿瘤细胞转移，而来自瘦弱小鼠体内的ECM则不会。通过观察与肿瘤侵袭行为相关的ECM改变，研究人员锁定了一种名为胶原蛋白Ⅵ的特殊蛋白，它能被脂肪细胞添加到ECM中，而其水平的升高能促进乳腺癌细胞迁移并侵袭到周围组织区域中。

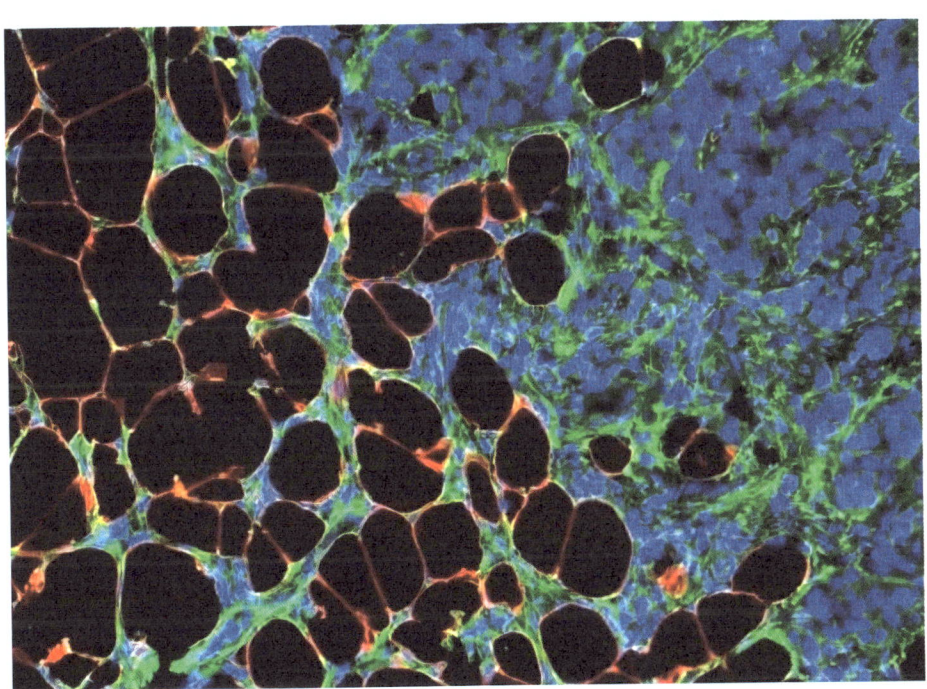

显微镜下看到的细胞外基质图
左侧区域为正常区域，右侧则为被肿瘤细胞占据的区域
（Sydney Conner, Oudin Lab）

第五节 第五杀手技能：骨关节病

骨关节炎（osteoarthritis，OA），是一种慢性退行性病变，其英文全称是 degenerative osteoarthritis，意思就是退行性关节炎，其患者会发生关节软骨退行性变和继发性骨质增生。症状表现为关节疼痛、变形，并导致活动障碍，其突出特征是疼痛感很强，许多患者会用"痛不欲生"来形容这种病的疼痛，因此患上这种病会极大地降低生活自理能力，大幅度拉低生活质量。对于骨关节炎的发病原因，许多人都认为是"运动过量"导致的"关节磨损"，并以此作为"宁可不减肥，也不运动"的借口。然而一项"考古研究"给出了另一个答案：肥胖才是导致骨关节炎发生最主要的原因。哈佛大学社会定量科学中心的研究者，从各地博物馆收集了从6000年前到现代的超过2500具人类骨骼，对死亡者生前生活习惯、生活状态、是否有关节炎以及关节炎严重程度进行了分析，得出以下结论：①人类早在6000年前，就有了关节炎存在的痕迹；②关节炎以前是一种发病率很低的疾病，在工业革命之前，发病率不到6%，而到了2015年，美国骨关节炎发病率已达到16%，我国骨关节炎患者估计有1.2亿以上，发病率约8%；③肥胖是导致关节炎发生最关键的因素，而不是许多人认为的年龄，更不是运动。据研究报道，肥胖与骨关节炎的影像学表现及临床症状有着显著的关联，随着体重增加，当BMI超过27千克/平方米之后，骨关节炎的发病概率就会快速升高，BMI每增加1千克/平方米，患骨关节炎的概率将会增加大约15%；还有数据表明，欧洲、北美洲女性关节炎患者BMI每下降2千克/平方米，其骨关节炎加重的概率将降低50%。

流行病学研究表明，运动其实是关节的保护性因素，据美国《骨科与运动物理治疗杂志》2017年6月报道：竞技跑步者的关节炎发生率为13.3%，久坐不动人群的关节炎发生率为10.2%，健身跑步者的关节炎发生率仅为3.5%。这表明，专业跑步运动员进行长期大量的跑步可能会超过其身体承受能力而引发关节问题，但对于以跑步来健身的普通人来说，其跑步量基本在多数人身体的承受范围之内，不仅不会增加关节损伤，反而有利于减少关节炎的发生。

小知识　　　　　　　**肥胖为什么会诱发骨关节炎？**

具体机制还不清楚，目前认为可能与以下原因有关：

（1）增加关节压力　骨关节炎多发生于承重关节，如颈椎、腰椎、膝关节、髋关节等。有人认为体重过大以及运动都会增加关节面的机械磨损而导致关节损伤，这个说法既正确又不正确。正确的原因是体重大确实会增加关节面的负荷,从而增加关节面磨损,这个道理是显而易见的。不正确的原因是人体软骨和骨组织并不是只能不可逆磨损的刚性体,而是有自我修复功能的生命体,决定关节自我修复速度和质量的是关节的血液循环,关节软骨最重要的保护因素是由滑膜分泌的润滑液,而运动则是保持关节血液循环良好及促进滑膜液分泌的最重要手段,所以运动不仅不是增加关节损伤的原因,而且是治疗关节损伤的关键手段。因此《骨关节炎诊疗指南(2018年版)》里指出,控制体重加上适度的运动,是预防和治疗骨关节炎的最基本方法。

(2)关节面受力不均 大多数骨关节炎的病变是局部的,并非全关节都同时损伤,这是由于关节面受力不均匀,局部受力过强引起的,而肥胖是导致关节表面受力不均的主要原因。以膝关节为例,体型和体态正常者身体重心线在身体横截面中心点附近,使身体重量平均地施加在整个膝关节面上;但肥胖者通常会因为腹部脂肪过多(尤其男性)、喜穿高跟鞋(女性)或久坐少动,导致骨盆前倾,使身体重心线偏离中心点前移动,身体的重量更多地压在膝关节面的前半部分,所以许多肥胖者膝关节炎好发于前侧,日常活动多了也是膝关节前侧更容易受损和发生疼痛。

(3)代谢异常引起关节损伤 肥胖还会增加非承重小关节(如手指等)的骨关节炎发病率,说明肥胖导致骨关节炎不仅与物理负荷增加有关,还可能通过代谢异常来间接诱发关节炎:①血糖血脂升高,血液黏稠度高,血管硬化,手指、脚趾的末梢循环差,血液和氧供应不足;②长期伴发慢性多发性炎症,会加重关节的局部炎症反应,尤其是瘦素、脂联素、抵抗素等炎症因子可能在软骨退化方面起加速作用,使软骨损伤难以修复;③易发嘌呤代谢异常并导致高尿酸血症,尿酸盐在关节内异常沉积可引起痛风,是肥胖者患关节炎的常见病因。因此,肥胖带来的一系列代谢异常问题,均会加重关节炎,加速关节软骨的衰老和退化。

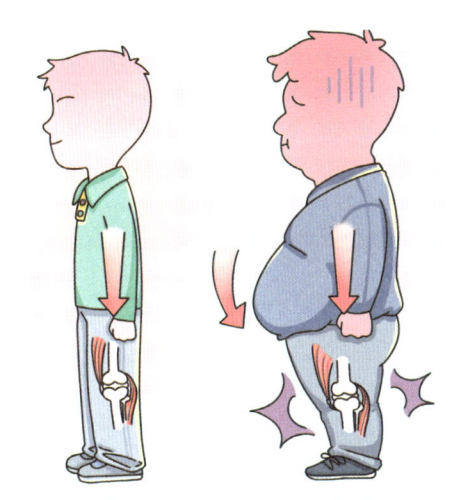

肥胖使关节面受力不均是骨关节炎发病原因之一

总之,对大多数骨关节炎患者来说,肥胖和缺乏运动才是关节炎的重要诱因。临床上已有许多案例证明肥胖患者在成功减肥之后,即便没有进行任何专门的关节治疗,关节炎的症状都能够明显好转甚至完全消失。因此一定要打破"肥胖—关节痛—缺乏运动—更加肥胖"的恶性循环,及早开始用适当的运动来减肥。

第六节 第六杀手技能：阿尔茨海默病

阿尔茨海默病是一种虽然不致命，却会悄悄偷走人们"记忆力"的疾病，患者会从小事开始遗忘，常常话到嘴边却想不起来要说什么，或者打开冰箱却忘了要拿什么；渐渐地，患者开始失去基本常识，忘记了家人的相貌，忘记了回家的路，甚至忘记了自己是谁；到了晚期，患者将完全依赖照护者，记忆力严重丧失，仅存片段，日常生活不能自理，大小便失禁，缄默，肢体僵直，查体可见锥体束征阳性，有强握、摸索和吸吮等原始反射；最终昏迷，一般死于感染等并发症。这种病目前还没有有效的治疗方法，一旦患病，对自己和家人来说，都是悲剧……

老年痴呆症是阿尔茨海默病（alzheimer disease，AD）的俗称，占了痴呆症（包括各年龄段）的 60% 以上，因而也最受人们关注。2010 年的一项报告估计，由于全球老龄化的趋势，全球平均每 3 秒出现一个新的痴呆症患者，痴呆症对经济的影响将超越癌症、心脏病和脑卒中的总和；2018 年，国内一项研究估计，每位阿尔茨海默病患者导致的社会经济成本平均达 1.9 万美元（折合人民币约 13 万元）/ 年，主要花费在了住院费用和日常看护上，因此已成为全球公共卫生的一个重点问题。2013 年发表在《柳叶刀》上的一项研究显示，1990 年，中国有阿尔茨海默病患者 193 万；二十年之后的 2010 年，这一数字增加到了 569 万。2020 年，根据国际阿尔茨海默病协会 (ADI) 发布的《2020 年世界阿尔茨海默病报告》，中国已经成为 AD 发病最严重的国家，60 岁或以上的老年人中患痴呆症的有 6%，共 1507 万人，其中患阿尔茨海默病的有约 983 万人。在中国主要疾病死因排行榜上，阿尔茨海默病也从 1990 年的第 10 位蹿升到了 2019 年的第 5 位，每年致死人数已经超过了胃癌，给社会和国家医疗系统带来了很大的压力。由于 AD 很难被早期发现，发病前也没有什么明确的症状可以预警，

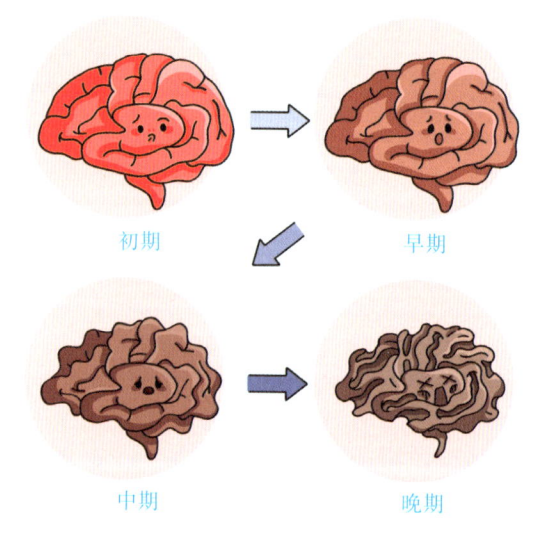

阿尔茨海默病的发病伴随着大脑逐渐地萎缩

因此是一种起病隐匿的、进行性发展的神经系统退行性疾病。对于此病，全世界都还没有有效的治疗方法，因为患者从患病开始，大脑神经细胞就逐渐加速凋亡，经过数年的潜伏期，当患者开始出现记忆力减退症状时，大脑细胞已经大量凋亡，海马、内嗅皮质、杏仁核等神经区域都出现萎缩，大脑神经细胞死亡了就不可复生，因此病情几乎是不可逆的。由于AD发病机制复杂，且主要是神经细胞广泛性代谢障碍，想要用药物来从根源上阻止病情发展十分困难，目前仅能用一些抗精神病药物来对症治疗，以及用一些神经营养类药物配合心理治疗来延缓其进程，但大多数病例的治疗效果并不理想。

既然不能治疗，那么搞清楚发病原因，并想办法来预防就变得非常重要，因此，AD的发病原理一直是科学家们研究的热点。从目前的研究成果来看，AD的发病机制十分复杂，包括先天遗传、后天环境及生活方式等多方面原因。人们发现的与AD发病有关的遗传学基因位点至少有4个，包括淀粉样蛋白前体蛋白基因（*APP*）、早老素1、2基因（*PS1*、*PS2*）和载脂蛋白（*APOE4*）基因，其中前三个基因发生突变可作为家族性早发型AD的参考依据，而*APOE4*基因发生突变可作为散发性AD的参考依据。这些基因突变与大多数癌症的易感基因突变一样，携带者并不一定发病，在其成长历程中遇到的一些后天因素才是决定这些易感基因是否开启以及何时开启的关键，这些后天因素包括甲状腺疾病、免疫系统疾病、精神疾病、头部外伤、脑力活动不足、吸烟、饮酒以及长期接触重金属等。然而，除了能够有意识地戒烟、减少饮酒和远离重金属外，其他的疾病和问题人们都很难主动预防，难道我们无法阻止阿尔茨海默病发病率的增长了吗？

2020年7月一项发表在《柳叶刀·健康长寿》杂志上的研究显示：中年时如果患上低密度脂蛋白胆固醇型高脂血症，未来患阿尔茨海默病的风险将明显增加。该研究对超过180万名40岁以上的英国成年人进行了长达23年（1992—2015年）的随访和血脂水平监测，结果发现血液低密度脂蛋白胆固醇（LDL-C）水平高于190mg/dL（4.92mmol/L）的人，与LDL-C水平低于100mg/dL（2.59 mmol/L）的人相比，10多年后被诊断为痴呆症的风险高出约60%。而且与到了老年以后才患上高脂血症的人相比，<u>中年血脂水平越高，发生阿尔茨海默病的风险越大</u>。事实上，已经有很多证据表明，肥胖是阿尔茨海默病的独立危险因子，尤其是长期肥胖并伴有高脂血症和胰岛素抵抗者，未来发生阿尔茨海默病的概率会更高。2020年阿尔茨海默病协会国际大会（AAIC）上，美国哥伦比亚大学研究者报告的一项研究表明：20~49岁时体重超重或肥胖的女性未来发生阿尔茨海默病的风险分别增加82%或145%；20~49岁时肥胖的男性70岁以后发生阿尔茨海默病的风险增加147%，如果50~69岁时肥胖，发生阿尔茨海默病的风险则增加100%。以上这些研究结果给人们提供了一个非常有力的证据：肥胖与阿尔茨海默病之间因果关系明显，减肥可以预防阿尔茨海默病。

 肥胖和高脂血症为什么会与阿尔茨海默病有关?

在人体内存在着一种由免疫细胞合成的糖蛋白——β-淀粉样蛋白,是一种急性免疫反应蛋白,在各种感染的急性期都可能产生。儿童青少年很少,随着年龄的增长,人们经历过的炎症反应越来越多,体内的β-淀粉样蛋白也会越来越多。成年人的血液中都有这种蛋白,它对大脑神经细胞来说是有毒性的,只是当其浓度不高的时候还无法对神经细胞造成伤害,而低密度脂蛋白胆固醇(LDL-C)却能够催化β-淀粉样蛋白的积聚,可以让其积聚速度加快20倍。当血液中的LDL-C水平过高时,大脑神经元细胞膜上的LDL-C就会升高,很快聚集β-淀粉样蛋白并形成斑块沉积,学名"老年斑"(这是一个专有名词,不是俗称的老年人皮肤上的色素沉着),这些斑块能够毒害神经细胞、破坏神经传递,造成大脑神经细胞凋亡,脑组织萎缩,导致阿尔茨海默病发生。

根据其所含氨基酸数量的不同,β-淀粉样蛋白分为若干个亚型,其中含42个氨基酸的β-淀粉样蛋白(amyloid beta peptide 42,Aβ42)比其他亚型更容易沉淀和形成斑块,有些人由于遗传原因,脑脊液中Aβ42水平较其他人高,如果同时患有高脂血症,则发生AD的概率就会大大增高,并且发病时间提前;但如果其一直保持正常血脂,保持良好的生活方式和健康饮食,则可能终生不会罹患AD。

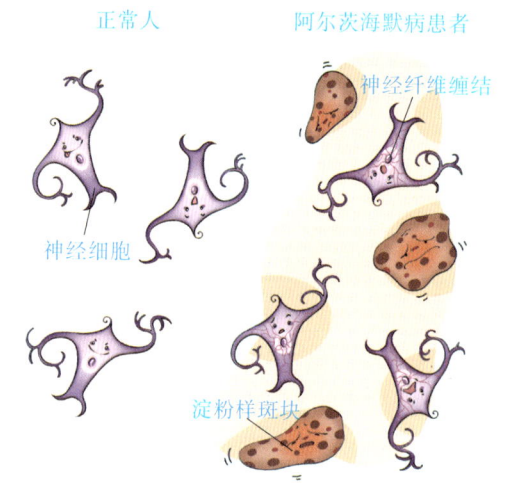

阿尔茨海默病的发病机制之一
——β-淀粉样蛋白在大脑内沉淀和聚集

阿尔茨海默病的病因除了β-淀粉样蛋白沉积外,还有一个可能的病因就是大脑能量供应不足。有些学者认为,肥胖导致的胰岛素抵抗,葡萄糖转运障碍,可造成大脑糖利用能力不足,加上慢性炎症,可加重细胞器损伤及线粒体功能障碍,引起大脑结构的损伤,表现出学习、记忆功能下降。一个重要的证明就是糖尿病患者更容易患上AD,而且,它们之间的联系非常强,以至于一些研究人员开始将AD称为"3型糖尿病"。因此,早期发现和治疗糖尿病,可能有助于改善脑部糖代谢,避免AD发病,或推迟发病时间。

大脑与身体其他组织在代谢上有一个明显不同的特点，就是"爱吃糖"。身体大部分组织器官在日常生活中（非运动状态下）可以同时利用脂肪和葡萄糖来提供能量而不会影响功能，大脑则主要靠葡萄糖来提供能量，虽然在葡萄糖不足的情况下也能少量地利用脂肪分解的中间产物酮体来提供能量，但酮体生成的速度受到肝脏分解脂肪速度的影响，氧化供能的速度只有葡萄糖的一半，难以满足高强度学习或思考状态下大脑对能量的需求，也无法支持人体长时间的高强度身体活动，因此如果大脑长期葡萄糖供应不足，就会出现思考能力下降、神经功能减退、容易疲劳以及其他早衰症状，甚至可能出现结构损伤等不可逆伤害，这也是我们反对长期靠饿肚子减重或用生酮饮食减脂的原因之一。根据这一病因，医生们把神经营养类药物列入了 AD 常规治疗方案，但在临床上仅能起到一点有限的延缓病情发展的作用，也就是说，大脑能量不足并非因为吃得不够，而是由于大脑不能很好地利用葡萄糖，可见如果不解决胰岛素抵抗问题，提供再多营养也无法被大脑利用。那怎样才能改善胰岛素抵抗、增加胰岛素敏感性呢？没有任何药物有这样的作用，唯一能做到的只有"合理的运动"，运动不仅能够改善胰岛素抵抗，同时还能增加脑组织的血液循环、增加氧和营养物质的供应、降血脂和改善慢性炎症等，因此，运动方案应成为 AD 治疗方案中的重要组成部分。

> **酮体**
>
> 脂肪在肝脏中氧化分解时，会生成很多小分子结构的中间产物，其中乙酰乙酸、β-羟基丁酸、丙酮这3种产物合称为酮体。由于血脑屏障的存在，使得除葡萄糖和酮体之外的其他能量营养素（脂肪酸、氨基酸等）无法进入脑组织为大脑提供能量，所以当人处于饥饿状态下，血糖下降时，大脑将被迫靠酮体来提供一部分能量，最多可占脑能量来源的75%。

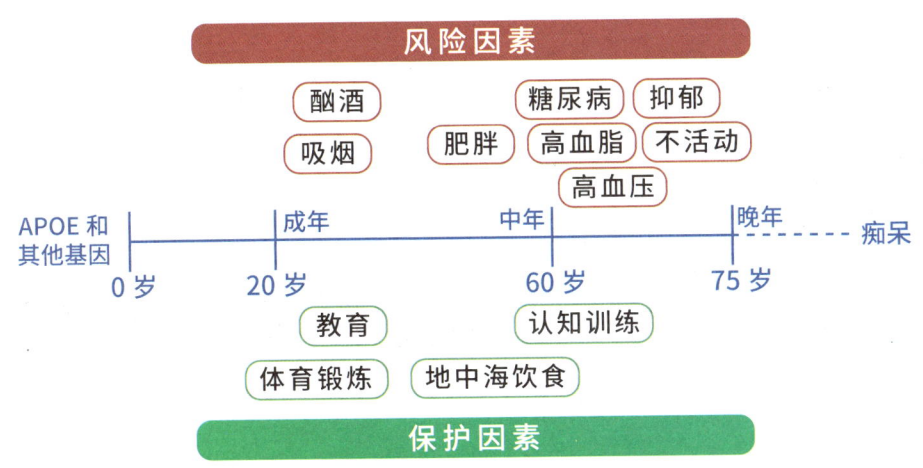

阿尔茨海默病的风险因素与保护因素

地中海式饮食

是指一类简单、清淡、营养素结构均衡的饮食模式。要求每日摄入多种类的植物类食物，如水果、蔬菜、全谷类、豆类和坚果，同时限制红肉摄入量，并用不饱和油脂（如橄榄油）代替饱和油脂（如黄油）来烹调食物，还强调每周至少吃两次鱼或家禽，并倡导多使用草药和香料调味，减少食用盐的摄入量。

此外，AD 的治疗还必须有合理的膳食、优质的睡眠以及其他良好的生活方式相配合。有研究表明，地中海式饮食对大脑有利，可减缓认知功能衰退，预防阿尔茨海默病。规律的睡眠也有助于保护大脑，人在睡眠过程中，大脑会自动清除脑内的异常物质。每天的最佳睡眠时间是晚上 11 点至早上 7 点，睡眠时长虽因人而异，但通常年轻人应保持 7~9 小时的高质量睡眠，65 岁以上的老年人每天睡够 6 小时对身体更有益。另外，吸烟会加速血管的老化，在血管中形成斑块，以及可以直接损伤胆碱能神经元，造成认知功能障碍；长时间过量饮酒会损伤大脑神经细胞，也会导致认知功能障碍，所以预防阿尔茨海默病要提倡不抽烟、少喝酒。

地中海式饮食

第七节 第七杀手技能：破坏你的魅力、自信与幸福

肥胖会带来不同程度的心理问题，主要有以下几种类型：

（1）焦虑症　即出现与现实情境不符的过分担心、紧张害怕。

（2）抑郁症　即心情极度低落，很容易因为一点小事而不高兴。

（3）双相障碍　即心情在狂躁高涨和极度低落消沉之间变化。

研究表明肥胖者普遍有较低的自尊、较高的焦虑和抑郁感，普通人群中到重度抑郁情绪的发作比例为7%~10%，肥胖者则是20%以上，达到了普通人的2~3倍。心理问题在不同年龄段都会引起社交障碍问题：在低龄儿童阶段，美国一项针对8000个幼儿园孩子的纵向跟踪心理试验显示，在幼儿园就开始胖的孩子们，到了小学三年级时，有明显的社交不适和低自尊问题；在青少年阶段，肥胖青少年经常成为被歧视的对象，例如有调查显示，在学校霸凌案件里，1/4以上的霸凌对象是班里的小胖子，使得肥胖引起的心理问题更为突出；在青年阶段，肥胖青年求偶难度明显高于体重正常青年，而且相对来说，女性肥胖青年受到的打击更多，经常受到异性的拒绝；在择业过程中，肥胖者也会遇到更多的困难，例如一半以上的受访人力资源负责人都承认，他们不愿意招胖子，因为觉得胖代表了"懒""没有自制力""行动不便，更容易受工伤"，以及"更容易因为生病而不来上班"，在其他条件同等的情况下，他们大都会选瘦的那一个。所以，肥胖带给人们的不只是审美和身体健康问题，还有心理和社会适应问题，即便是"心宽体胖"者，恐怕在遇到比别人更多挫折的时候心情也很难变得美好。

在网上看到一位肥胖朋友的自白，很能代表肥胖人群的心境，因此摘录下来："胖很可怕！我意识到自己长胖的时候，不是身边朋友家人说我胖的时候，而是突然的某一天兴高采烈准备穿以前的裙子，（却）发现自己根本穿不上的时候。（从此我的生活发生了）特别明显的变化，以前每过几天我都要买衣服买裙子，几乎每天都要上网看一看她们的店铺有没有上新，到后来渐渐地买的衣服的尺码越来越大，再往后我都不愿意买衣服了，连购物软件都不敢打开了。我在逃避在害怕，甚至从心理上不愿意直视自己的缺点。肥胖让我无法开心起来，让我变得脾气暴躁，我会无缘无故地发火，莫名其妙地哭，我越来越自我否定，强烈的自卑感和失败感，让我失去了对自我价值的追求，更加感觉有一种无力感深深压着我。"

而另外一位经常健身的朋友，在朋友圈里的自我描述同样让我印象深刻，因此摘录下来："不是健身会上瘾，而是当你美了，就再也接受不了丑时的样子了。"

第二章

肥胖发生的原因

根据能量守恒定律，肥胖发生的唯一原因就是摄入的能量超过了身体消耗的能量。我们先来了解一下身体内的脂肪是如何长出来的，主要来自"食物摄取"和"自身合成"两个途径。

1. 食物摄取

当我们吃进含丰富油脂的食物（如油炸食品、红烧肉、冰淇淋等）后，小肠内膜会吸收油脂并合成乳糜微粒（一种脂蛋白），经血液运送到脂肪组织中储存起来。

2. 自身合成

当我们大量进食糖类食物（如米、面、甜食等）后，如果消耗不掉，多余的葡萄糖会在肝脏中被合成为甘油三酯，并通过极低密度脂蛋白（VLDL）经血液运送到脂肪组织中储存起来；除了肝脏能够合成脂肪外，脂肪组织自身也可以利用血糖合成甘油三酯。

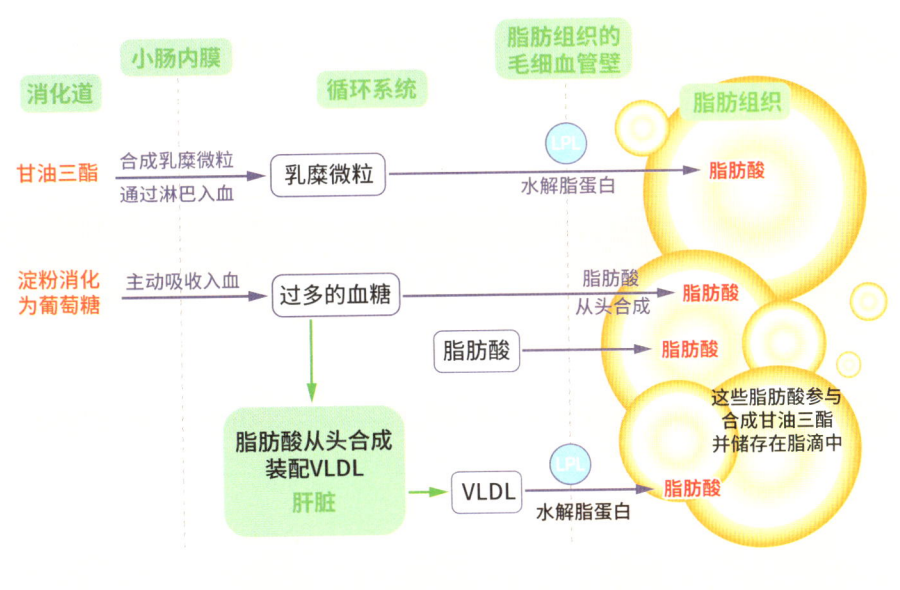

体内脂肪形成的过程——食物摄取与自身合成
LPL 表示脂蛋白脂酶

糖异生

是指生物体将一些非糖物质转化为葡萄糖和糖原的过程，这些非糖物质主要指乳酸、丙酮酸、氨基酸及甘油等。糖异生过程主要发生在肝脏，肾脏也能进行少量糖异生作用。

可见，人们吃了过多的脂肪和碳水化合物，都可以转化成体内脂肪，所以要控制这两类营养素的摄入量，大多数人都要少吃高脂食物，适当吃碳水化合物类食物。那么，还有一种我们每天都会食入的能量营养素——氨基酸（蛋白质），是否会转化为人体脂肪呢？研究发现，人体通常很少用氨基酸来合成脂肪，因为氨基酸无法直接转化为脂肪，它必须先转化成葡萄糖（糖异生），且当这些葡萄糖消耗不掉，过剩了，才会被转化为脂肪。而糖异生通常是在人体葡萄糖缺乏的情况下才会活跃起来，所以**人体很少会用氨基酸来合成脂肪，这也是为什么健美运动员每天进食大量高蛋白低脂食物，却还能保持低体脂率的原因**。这也提示我们，在减肥期间，吃主食及其他含糖食物要适量，尽量保持能量平衡；另外，如果要加餐，或者吃夜宵，那么吃些高蛋白低脂食物，可减少多余能量转化为脂肪的程度。

有一个很有趣的现象：在被问起变胖的原因时，绝大多数肥胖者不会承认是吃得太多或动得太少等主观原因，而是会找出一大堆的客观理由，比如责任在父母——"遗传，我们家人都胖""我是易胖体质，喝凉水都长肉，没办法"；或者责任在医生——"医生给我开的那是啥药，吃了就发胖""没办法，为了治病，用了很长时间激素"；或者责任在工作——"我太忙了，一累就想吃东西""老得熬夜加班，所以不得不吃夜宵""没办法，应酬太多，都是重要客户，哪顿不喝都不行，哎，我难呐"……导致肥胖发生的原因的确很多，可以归纳为遗传、饮食、工作、环境、运动、睡眠、疾病、药物，乃至性别差异等因素，但从根本机理上来说，都是由于身体摄入的热量超过了消耗。所以，肥胖发生的原因可以说是各不相同，但又个个相同，本书将对其中几个主要因素略作介绍。

第一节 先天重要还是后天重要？
——下定决心人定胜天

> **显性基因** 🔍
>
> 人类的头发颜色、血型、身高等可被观察到的特征，被称为"性状"，每一个性状基本都是由染色体中的一对"等位基因"决定的，这一对等位基因分别来自父亲和母亲，其中有一个比较强势，决定了性状的主要表现，则这个等位基因被称为显性基因，另外一个则相应地被称为隐性基因。

肥胖的可遗传性是显而易见的，有数据表明，父母都肥胖的家庭，孩子肥胖的概率超过70%，父母有一方肥胖的家庭，孩子肥胖的概率超过40%，而且如果母亲肥胖，**则孩子肥胖的概率更高，说明在X染色体上可能携带肥胖相关的显性基因**。有人会抱怨自己运气不好，出生在有肥胖基因的家庭，其实这种抱怨并没有道理，因为大多数人都携带易胖基因，只有少数人没有，所以出生在有肥胖基因的家庭是大概率事件，大多数人都是易胖体质，这是自然选择的结果。

人类文明在工业革命前的几千年发展过程中，一直处于生产力水平低下的农耕经济时代，大多数人生活在饥一顿饱一顿的状态中。由于没有长期储存食物的条件，一旦找到食物，人们会毫无节制地大吃一顿，最大程度地把多余的食物吃进肚子，并转化为脂肪，以备在缺少食物的季节或没有食物的时候提供生存所需的能量。因此在恶劣的生存环境下，那些能够快速储存能量、迅速变胖的人生存下来的概率更高，更容易把易胖基因遗传给下一代，因此在一代代人的自然选择中逐渐形成了稳定遗传，乃至优势基因。所以，**大多数人只要食物充足，活动减少，就会发胖**。20世纪中叶的第三次工业革命之后，人类的生产力水平快速提高，农作物产量和人类的活动方式均出现了巨大变化，获得食物越来越容易，尤其是近20年来，高脂肪、高蛋白质的食物越来越容易获得，而运动锻炼或体力劳动越来越少，导致全世界肥胖人群呈爆发式增长。在我国，《中国居民膳食指南科学研究报告》（中国营养学会，2021）指出：我国不同年龄段居民身高显著增加，表明营养不足状况已得到了根本改善，但是身体活动水平显著下降，超重、肥胖及相关慢性病问题日趋严重。国家国民体质监测中心发布的《第五次国民体质监测公报（2021）》则显示，我国国民的体育锻炼意识逐渐提高，2020年全国达到《国民体质测定标准》合格等级以上的人数比例达到了90.4%，较2014年监测结果相比提高了0.8个百分点，体质水平总体向好，但肥胖率却在持续增长，成年人超重率和肥胖率较2014年分别增长2.3和1.4个百分点，老年人超重率和肥胖率较2014年分别增长0.1和2.8个百分点。这两个官方报告的数据表明，营养水平提高是我国国民肥胖发生率升高的主要原因，同时也间接表明，大多数国民在遗传学上都属于"易胖体质"。

易胖体质
远古时代，尤其是饥荒年代，容易长胖的人才能生存下来，他们的基因才得以延续

 小知识

为什么"易胖体质"很难转变为"易瘦体质"？

这要从基因遗传的稳定性说起。世间物种万千，外在的形态和内在的功能千差万别，会给我们一个错觉，以为不同物种之间的基因肯定会有很大差别。其实不然，从遗传学角度来说，世间所有动植物共同起源于21亿年前的单细胞真核生物，真核生物的基因早在20亿年前的生命演化早期就已经完成了主干的演化，后来20亿年的演化都仅仅只是细枝末节上的不同而已，所以我们人类和黑猩猩基因的相似度高达98.6%~99%，与猫基因相似度90%，与奶牛基因相似度80%，甚至人与果蝇、香蕉基因的相似度也多达60%。这些相似的基因就是我们基因的主干，所以在我们惊叹"麻雀虽小五脏俱全"的时候，其实就是发现了不同物种与人类之间有很多的相似性，相似的原因就在于我们基因的主干是一模一样的；而除了基因主干以外的那些差异基因，虽然只占少数、甚至极少数，却形成了千差万别、千变万化的生命形态。在过去的20亿年里，地球上所有动植物都曾经因为基因突变而产生出无数的差异基因，只不过绝大多数基因变异都因为无法适应环境而被自然淘汰，只有极少数基因变异能够适应环境，被保留下来，逐渐形成稳定遗传。所以这些差异基因的形成非常不容易，而且花了很长很长的时间在自然界的生存考验中慢慢地积累起来，通常一个差异基因从出现到能够稳定遗传需要1万~2万年的时间，而要想从稳定遗传基因变成优势基因（也就是这个变异的基因能在大多数人群中被遗传给下一代），需要的时间更是以10万年计，例如"易胖基因"。与优势基因形成的时间相比，五千年的人类文明就只不过是一个短暂的时间片段，而以工业自动化为标志的第三次工业革命距今不过70多年，更只是人类进化进程中的"一瞬间"，这么短的时间，要想形成新的基因变异，比如"易瘦基因"，几乎是不可能的。换句话说，当今人类的基因与五千年前的祖先基本没有差别，尽管生存条件、生活环境已经发生了翻天覆地的变化，但大多数人的基因仍然是"易胖基因"。

人和大鼠的基因相似度为85%，因为真核生物都来自同一个"祖先"！

尽管大多数人都容易变胖，但对于肥胖所产生的健康危害，人类在遗传上却没有很好的应对措施，因此我们必须在运动行为、营养模式、作息习惯等生活方式方面制定应对策略。多数卫生事业发达的国家都制定有国民营养"膳食指南""身体活动指南"等文件，用以指导国民科学地饮食、提高身体活动水平，目的是应对营养过剩、身体活动过少带来的健康危害和社会负担。而我们每一个人，则应该重视合理膳食与科学运动对维持自身健康的重要性，尤其是在我们尽情享受"舌尖上的幸福"与生活上的舒适时，一定要明白这种幸福的生活需要靠健康的生活方式来守护，这是由我们的基因决定的，而且必须靠自身努力，旁人无法代替。懒惰和贪食是健康的敌人，养成运动习惯和学会合理均衡饮食是每个人人生的必修课程。

第二节 人性的弱点还是生理的特殊性？
——食欲强弱的原因

七情六欲人皆有之，多数人高兴时都会以大吃一顿来庆贺，有些人生气时要以吃来发泄，孤独抑郁时要以吃来解闷，有精神压力如加班、考试、离异、失业时，也要以吃来解除紧张、烦恼、挫折等不良情绪，从吃中获得心理安慰和补偿，可见，吃与人们的心理状况有关，因而肥胖也与心理有关。有调查表明，美国黑人妇女肥胖发生率比白人中产阶级妇女高 2~3 倍，学者克里茨认为是由于收入相对较少、社会地位不稳定等心理因素使她们多食而发胖。在我国，近年来一种并不健康、却能吸引大量受众关注的网络"吃播"现象大行其道，吃播的主播们靠着夸张的吃相或者惊人的食量，吸引了大量粉丝的追捧，尽管很多主播都严重发胖，甚至面临严重的健康风险包括猝死，但从业者仍然趋之若鹜，其目的是获取高收益。这看似只是一种经济现象，然而其背后，却折射出吃播粉丝们无聊、家庭陪伴不足等心理需求与贪食之间存在着一种天然的联系。

吃播现象的盛行，折射出的是"贪食"的心理问题

但是，有些生理心理学家们却认为，"贪食"表面上看是一种自控力不足的心理弱点，其实其背后却有着某种看不见的生理机制在"垂帘听政"。他们发现，诸如摄食、饮水、睡眠和生殖等基本行为的调节，主要是由与情绪经验有关的中枢神经和内分泌系统来调控的。人的下丘脑中存在着两对与摄食行为相关的神经核，一对为腹内侧核，又称"饱中枢"；另一对为腹外侧核，又称"饥中枢"。饱中枢兴奋时有饱感而拒食，兴奋减弱时则食欲大增；饥中枢兴奋时则食欲旺盛，兴奋减弱时则拒绝进食。两者相互调节、相互制约，在正常生理条件下保持动态平衡，使人的食欲正常从而维持正常体重。由于这两对中枢与交感神经和副交感神经中枢紧紧相邻，脑神经放电时容易相互影响，所以当精神紧张、交感神经兴奋时会使饱中枢也同时兴奋，食欲受到抑制，同时还抑制胰岛素分泌并加强胰高血糖素分泌，使血糖升高；当精神放松，迷走神经兴奋时会使饥中枢也同时兴奋，引起食欲亢进且胰岛素分泌增多。所以当人们

在忙碌地工作、处理紧急事务、体育比赛等过程中，以交感神经兴奋为主，不会感觉到饥饿；而当任务完成、事务处理完毕、比赛结束后，精神逐渐松弛下来，迷走神经兴奋性逐渐增强，进食欲望会逐渐变得强烈，尤其是随着胰岛素分泌逐渐增多，血糖下降，人们的饥饿感会大大增强，因此人们加班后爱吃夜宵，运动锻炼后爱聚餐，都是基于这一生理机制的调控作用。

> **基因敲除**
>
> 是一种基因研究技术，为了研究某个基因的功能，研究者采用分子生物学技术改变活体生物（最常用的是小鼠）体内该基因的核酸序列，从而令该特定基因功能丧失作用，就像是把该基因从生物体内"敲除"了一样。经过一段时间，该生物体的生物性状或代谢如果发生了可检测的改变，就可以根据这种改变推测出该基因的生物学功能。

但是，经常忙碌和加餐就一定会导致热量摄入过多吗？也不一定，有些人是越忙越胖，有些人却是越忙越瘦，因为人体还有一套自反馈系统——"饱感"系统，就是血液中的一些内分泌因子，如瘦素，可以刺激饱中枢，使人产生饱腹感，从而停止进食。20世纪50年代，美国杰克逊实验室的科学家们偶然间发现了两种体型异常肥硕的黑色小老鼠，并给它们起名字叫OB（肥胖的英文单词obesity的缩写）和DB（糖尿病英文单词diabetes的缩写），通过近40年的研究，终于发现OB鼠在遗传上的缺陷是"瘦素分泌能力低下"。后来，又通过动物实验证明，敲除OB基因的动物，会因不能产生瘦素而食欲亢进，导致体重持续增长。以上发现让人们联想到，有些人之所以难以产生正常的饱感，可能与先天瘦素分泌能力不足有关。另外，除了瘦素，还有哪些生化因子可能与饱感有关？它们的表达不足是不是肥胖发生的根本生理原因？为了探究答案，科学家们近20年以来一直在孜孜不倦地探究与肥胖发生有关的基因，试图从根源上关闭导致肥胖发生的开关。目前已克隆出了5个与人的食欲及体重调节有关的基因，即OB基因、LEPR基因、PC1基因、POMC基因和MC4R基因。其中OB基因、LEPR基因负责编码瘦素和瘦素受体蛋白，负责调节食欲和新陈代谢，其他3个基因编码的蛋白质也参与神经中枢的食欲调节。且不论对这些基因的研究今后是否能够转化出"肥胖终结者"类的药物，至少我们可以从中看到这些"饱感"研究者的逻辑，即肥胖发生的主要原因，是一系列神经内分泌功能异常导致的饱感异常以及食欲亢进。但是，后来越来越多的研究发现了一个与此相矛盾的现象，就是绝大多数肥胖者血液中的瘦素水平并不是下降（先天缺乏）的，而是升高的，显著高于体重正常人群，为什么高水平的瘦素并不能刺激饱中枢产生更强烈的饱腹感？而是发生了所谓的"瘦素抵抗"现象？如果不能解释并解决瘦素抵抗发生的机制，那么瘦素这一伟大发现的意义，似乎就要被大打折扣了。更重要的，那就是说明这些"饱感"研究者选择的研究方向意义有限。

瘦素抵抗

与胰岛素抵抗（参见第一章第一节）类似，瘦素抵抗是指身体组织对瘦素的敏感性下降，主要也是由于体内脂肪过多引起的。尽管人体大脑无法感知是否进食过量了，但是内分泌系统却能感知到自身的平衡被打破，因此会分泌一些"细胞因子"来抑制患者的食欲，阻止患者继续大吃大喝。这些细胞因子（或称组织因子，如瘦素、脂联素、内脏脂肪素、抵抗素等）大多数是由脂肪细胞分泌的，少数是由肌肉分泌的（如鸢尾素），其作用都是阻止体内脂肪的继续增加。其中，瘦素主要作用于中枢神经系统，可以抑制食欲和提高人体新陈代谢，让人觉得"肚子是饱的"。但笔者经常会听见一些肥胖患者说"没办法，我工作应酬太多，没法不多吃"，类似这样不顾瘦素的"提醒"长期大量进食的人们，最终身体会形成"瘦素抵抗"，即中枢神经对瘦素不再敏感，所以多数肥胖者血中瘦素浓度往往远高于体脂正常人群，这和"胰岛素抵抗"导致高胰岛素血症的道理是一样的。

其实瘦素一直在忠实地履行它的职责，当人们过度进食的时候，它就会分泌增加，并刺激饱中枢产生饱感。可惜许多人并不会因为有了饱感就停止进食，面对美食的诱惑，人们往往首先考虑的是它的"口味"甚至"价格"，如果其味道鲜美，或食材稀少、价格昂贵，即便此时饱腹感已经颇为强烈，许多人还是会毫不犹豫地把食物吃下去。另外，在大量饮酒之后，人们对味觉的欲望会更加强烈，对饱感的关注度会更低，甚至饱中枢的功能会被抑制或削弱，所以经常饮酒是导致肥胖的一个重要原因。由此可知，即便我们身体的饱感调节机制再健全、再完善，但如果我们不听从身体的感觉，经常忽视饱腹感的警告，肆意追求口腹之欲，必然还是会摄入过多的热量，最终导致肥胖发生，损害自己的健康。所以，建立"饱则不食"的好习惯，是管理好体重的一个必不可少的重要环节。

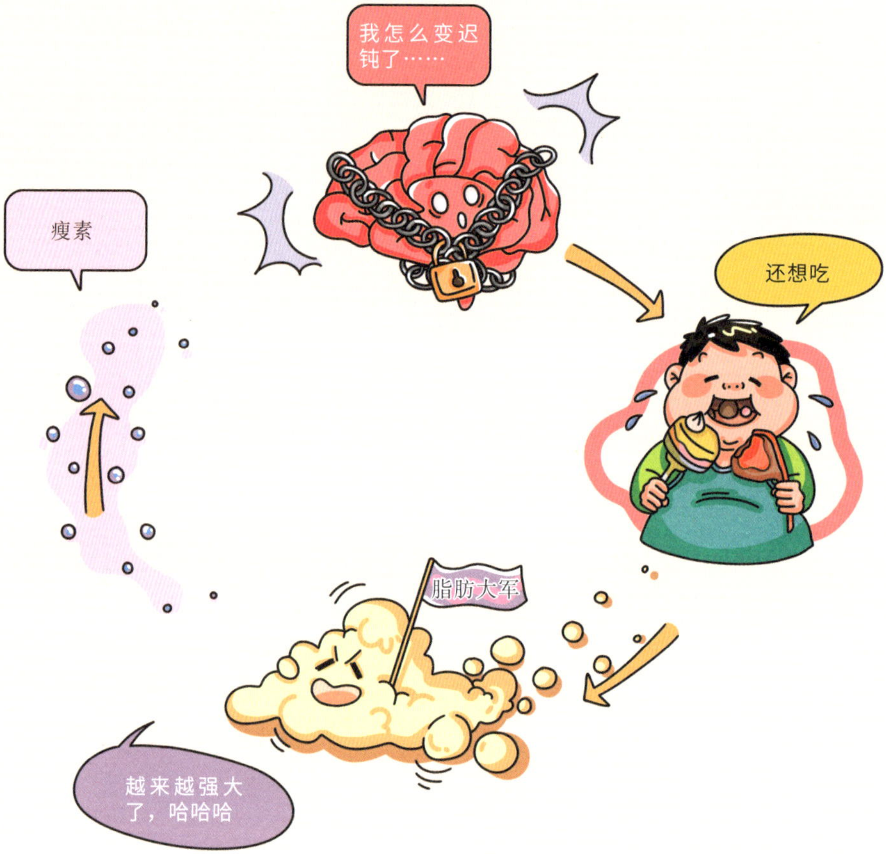

"肥胖→瘦素抵抗→过量进食→肥胖"的恶性循环

第三节 过劳肥的由来——妥妥的工伤

现代社会，肥胖率的升高与人们精神压力的增大有很大的关系，精神压力大又往往与长期的工作任务重、人事关系不和谐或竞争压力大引起的精神疲劳有关，因此有人把精神压力大引起的肥胖戏称为"过劳肥"。精神压力过大的表现主要为睡眠障碍、精神焦虑或抑郁，我们分别对它们导致肥胖的原因略作分析。

现代社会精神压力大是焦虑与抑郁产生的主要原因之一

人们通常认为爱睡觉是引起肥胖的原因之一,理由很明显,那就是睡眠中人的能量消耗少。确实有研究证明了这一点,该研究发现,每日平均睡眠时间超过 8 小时的人,内脏脂肪会比睡眠时间正常(7~8 小时)的人高 22%。那么减少睡眠时间是否就能减肥了?千万不要这么做,因为研究人员还发现,晚睡和睡眠不足者更容易罹患肥胖症。2021 年发表的一篇基于全球 14 万名受访对象的研究指出,**睡得越晚,肥胖风险越高**,与 20:00~22:00 入睡的人相比,22:00 以后入睡的人,肥胖的风险会增加 20%,凌晨 2:00~6:00 才睡觉的人,全身肥胖风险增加 35%,腹型肥胖的风险增加 38%;**睡得越少,肥胖风险越高**,比起每晚睡 7~8 小时的人,每晚睡眠不足 5 小时的人肥胖风险会增加 20% 左右,而每晚睡眠时间 ≥ 6 小时,则肥胖风险就会大幅度降低,所以睡眠时间达到 6 小时是控制好体重的一个基本要求;**晚上睡眠少白天来补觉反而会明显增加肥胖风险**,尤其是腹型肥胖,白天睡觉时间 ≥ 1 小时的人,全身肥胖风险增加 22%,腹型肥胖风险增加 39%,因此补觉并不能抵消肥胖风险。当然,睡眠不足不仅仅是增加肥胖风险,还会增加高血压、动脉粥样硬化、心脑血管疾病、甚至癌症和猝死等风险。所以,无论工作有多么重要和忙碌,我们都不应该经常熬夜或让自己缺乏足够的睡眠,否则会对健康造成严重的、不可逆的损害。

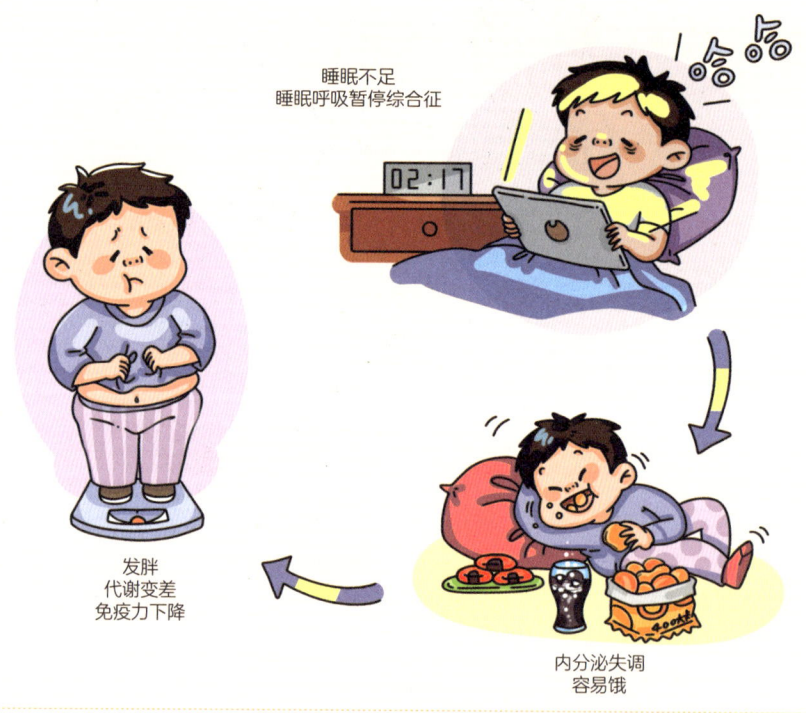

睡眠不足是肥胖的重要诱因之一

研究表明，大多数睡眠障碍是由焦虑或抑郁这两种情绪控制失调所导致，而焦虑和抑郁则大多是由长期从事高危险性职业，或长期工作压力与生活压力大等慢性应激源引发的。慢性心理应激会激活人体下丘脑-垂体-肾上腺皮质轴（HPA轴），导致下丘脑分泌促肾上腺皮质激素释放激素（CRH），CRH刺激垂体前叶释放促肾上腺皮质激素（ACTH），最后ACTH刺激肾上腺释放皮质醇（Cor），造成皮质醇长期持续分泌过多，会导致腹型肥胖，并伴发高血脂、高血糖、胰岛素抵抗，乃至诱发糖尿病。因此，多数研究者都认为，皮质醇是慢性压力的客观标志物，可以用于监测精神压力以及睡眠障碍的严重程度，同时皮质醇的升高也是肥胖发生的原因之一。

皮质醇

又名氢化可的松，是一种由肾上腺分泌的糖皮质激素，人们在提到"应激激素"时，大多数情况下是专指皮质醇，因为它是人在遇到突发危险、面对高难度任务、精神高度紧张或精神焦虑等危机时，被快速分泌出来以应对危机的激素；如果人在遇到危机时皮质醇分泌量不够或缺乏，容易发生低血糖，以及可能会发生器官衰竭而死亡，因此皮质醇是很重要的激素。皮质醇的功能强烈而广泛，能够使代谢系统和免疫系统迅速调动起来，提高中枢神经兴奋性，快速提供能量，以及发挥抗炎症、抗毒素、抗休克等作用。其对能量与物质代谢的作用包括：①升高血糖。皮质醇可通过减少大脑和肌肉外的其他机体组织对葡萄糖的利用、促进肝脏中的糖异生等作用来升高血糖，为应激状态下最需要能量的大脑和肌肉提供最优质的能量物质——葡萄糖；②分解肌肉，增强瘦组织蛋白质的分解代谢，使血清氨基酸水平升高和尿中氮的排泄量增加，造成负氮平衡。有读者可能会问，在应激状态下正需要肌肉来帮助对抗或躲避危险，为什么这时人体会分解肌肉？原因是为了尽快升高血糖。分解肌肉可以提供大量氨基酸，而氨基酸能够在短时间内通过糖异生作用合成葡萄糖并升高血糖。对人体来说，在危险或紧张的时候，提高血糖比多一点肌肉要有用得多，绝对是最佳的"舍车保帅"策略。这一功能在应对危险状况时颇为有用，但在以精神压力为主的重脑力劳动中，会让重脑力劳动者的肌肉越来越少，显然弊大于利；③脂肪重新分布。皮质醇可激活四肢皮下脂肪细胞内的酯酶，促使皮下脂肪分解进入血液，使血液中的甘油三酯和胆固醇升高，继而重新储存在面部、上胸部、颈背部、腹部和臀部，使人的脸部、胸部、腹部、臀部变胖，而四肢却"变瘦"，形成向心性肥胖，是一种典型的"腹型肥胖"。大家都知道，在内脏囤积的脂肪对心血管的危害要明显大于四肢的皮下脂肪，因此向心性肥胖实质上大大增加了未来发生心血管疾病及猝死的风险。有一种因肾上腺皮质长期过多分泌糖皮质激素所引起的内分泌系统疾病叫皮质醇增多症（hypercortisolism），又称库欣综合征（Cushing syndrome, CS），典型临床表现就是满月脸、多血质外貌、向心性肥胖、痤疮、紫纹、高血压、继发性糖尿病和骨质疏松等。如果长期使用糖皮质激素来治疗严重过敏性疾病、器官移植术后排异反应、长期感染等，也可引起类似库欣综合征的临床表现，称为外源性、药源性或类库欣综合征。还有研究报道长期饮酒者血清皮质醇水平显著偏高，可能是因为乙醇抑制了11β-羟基类固醇脱氢酶2型（11β-HSD2）的活性，从而抑制了皮质醇的分解代谢，导致皮质醇偏高，引起类库欣综合征，这可能是大量饮酒会造成肥胖的原因之一；④皮质醇还有一定的盐皮质激素样作用，可增强钠离子再吸收，及增加钾、钙、磷的排泄，这可能是引起

血压升高的机制之一。归纳一下要点,当人体处在长期慢性应激状态时,皮质醇水平持续偏高,会使得血糖持续偏高,同时引起持续性的肌肉量减少、血脂升高和腹部脂肪堆积。

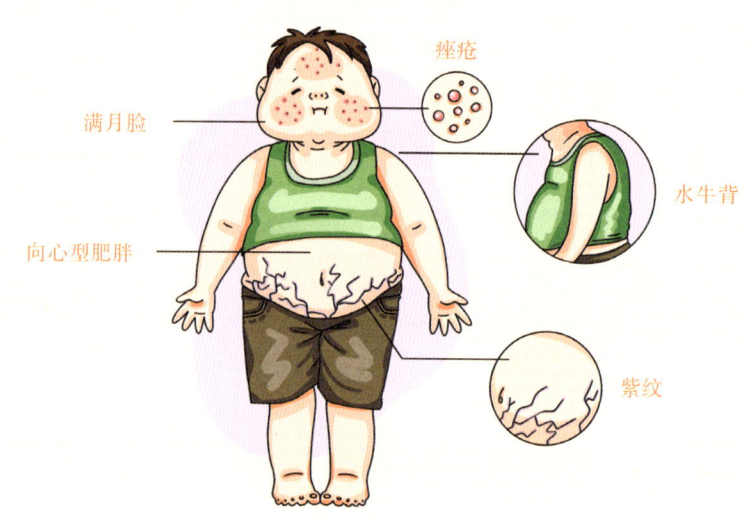

皮质醇分泌过多导致的向心性肥胖

综上可知,如果因为工作需要经常熬夜,并且长期精神紧张、心理压力大,那么如此而引起的"过劳肥",恐怕就应该妥妥地算作"工伤"了。但有些睡眠障碍和精神紧张并非由工作压力大所导致,而是由于不良的生活方式、紊乱的作息习惯引起,例如有些年轻人喜欢"夜生活""熬夜打游戏"等,这样的睡眠障碍是否会对健康产生同样的伤害呢?有研究者检测了24小时看电影、刷手机、玩游戏等娱乐(不睡觉,即"睡眠剥夺")行为前后60名青年人血清中应激激素的变化,结果发现睡眠剥夺激活了人体下丘脑-垂体-肾上腺轴(HPA轴),使血清中皮质醇明显升高;还可激活人体蓝斑-交感-肾上腺髓质轴(SAM轴),使血清中多巴胺、去甲肾上腺素、肾上腺素明显升高;还可激活人体肾素-血管紧张素系统(RAS),使血清中肾素、血管紧张素Ⅱ含量明显升高。SAM轴和RAS系统活动度升高,是导致血压升高的重要原因,这解释了为何睡眠不足会引起血压升高;HPA轴活动度增强,尤其是皮质醇的分泌增加,则可能是睡眠不足导致肥胖的重要原因之一。所以,作息不规律、长期熬夜玩,其实是一种主动破坏健康的行为,是我们必须纠正的错误生活方式。

第四节 减肥失败——各种不科学减肥最终导致更肥

导致肥胖的原因当中,有一个从逻辑上来讲不合理,事实上却经常发生的原因——"减肥",准确地说,是"不成功的减肥"。先定义一下什么是"成功减肥"。有学者提出,成功减肥应该是指减掉体重的 5% 或更多,并保持一年以上(Thomas, 1995)。举个例子,如果原体重 100 千克,通过干预减掉 5 千克体重,并保持一年不反弹,则达到了该"减肥成功"标准。之所以会制定这样低的标准,是因为有研究证明减重 5% 就能够使血脂水平明显下降,以及使其他一些健康指标的改善达到统计学上的显著性水平。但实际上对于多数肥胖患者而言,5% 的减重幅度是难以使其体重恢复正常的,所以称之为"减肥成功"不够严谨,称为"减肥有效"更合理一些。然而即便是减重 5% 这样的低标准,对很多尝试过减肥的人来说,仍然是难以达成的目标。总体来说,减肥失败的人比成功的人更多,原因主要有以下四种情况。

"成功减肥"看起来容易,实现却不容易

1. 过度节食

许多人下决心减肥时，往往会急于求成，尤其在开始的几天过度节食后，看到体重明显下降，很容易高估节食的作用，以及高估自己对食物诱惑的抵抗力，所以会继续严格限制饮食饮水，甚至吃得更少。一个人如果每天只吃很少的食物但不运动，通常不到一天，肝糖原就会下降到接近耗竭的程度；而如果不吃主食还运动，那么几个小时内肝糖原就会接近耗竭。肝糖原耗竭后，血糖水平很快就会下降，大脑会感受到强烈的饥饿感和虚脱感，多数人会在饥饿到忍无可忍之后，最终以报复性进食和体重反弹而结束这次减肥行动。表面上看，这似乎是因为减肥方法错误，但更准确地说，这是由于一种正常的心理现象加上错误的减脂知识而导致的结果，也是大多数初期减肥者都会犯的"错误"。因此如果不对减肥期间如何正确饮食的知识进行学习和实践，仅凭减肥的决心和勇气，那么减肥失败就是大概率事件。

2. 运动负荷不合理

每一次运动锻炼对身体来说都是一次运动刺激，我们把这个刺激称为"**运动负荷**"。运动负荷不合理主要包括以下 2 种情况。

（1）运动量过大　有些人认为，减肥就应该长时间运动，先把肌糖原消耗完，脂肪才开始消耗。因此常见一些运动减肥者盲目延长运动时间，很快就因身体持续积累疲劳而出现过度疲劳。须知运动减肥绝不是一两个星期能够成功的事情，多数人需要花几个月甚至几年的时间才能够成功，而通常过度疲劳积累一两个星期，就足以让大多数人忍受不了而放弃运动计划。而且，在过度疲劳状态下，肌肉和软组织容易受伤，也是导致减肥失败的常见原因之一。例如笔者的一位朋友，为了尽快减肥，刚开始第一天就一口气运动了三个小时，结果第二天就因髋关节受伤而卧床了，减肥计划刚刚开始就夭折了。这类欲速不达的情况很常见，导致许多人因害怕受伤而不愿意用运动来减肥。所以对于没有运动习惯的人来说，应该依据运动负荷循序渐进、逐渐递增的原则做好至少一个月的减肥计划，并严格按计划实施至少一个月，完成之后如果身体没有疲劳积累再适当增加运动量，如果有疲劳积累则反而要减少运动量，以保证运动的可持续性，

> **运动负荷** 🔍
>
> 运动负荷是指一次运动对身体产生的全部刺激，有强度和量两方面特征（简称运动强度、运动量）。运动强度可以用运动时肌肉用力的大小和身体的调动程度来评估，肌肉用力越大和身体调动程度越高则运动强度越大，身体调动程度通常与运动中的心率成正比，也就是说运动时心跳越快则运动强度越高，可以用心率来评估；运动强度固定后，运动时间越长则运动量越大，所以运动量往往以时间长短来衡量。人体能够承受的运动负荷是有限的，所以运动强度越高则运动可持续的时间就越短（例如举重、100 米冲刺等），反之运动强度越低则运动可持续的时间就越长（例如马拉松、竞走、户外穿越、逛街等）。

切忌急于求成和靠"冲动性运动"来减肥。

（2）运动强度不合理 有些人认为高强度运动比低强度运动消耗能量速度更快，所以减肥效果更好。而实际上人体在进行高强度运动时主要消耗的是肌糖原和肝糖原，远高于脂肪的消耗，使得运动后饥饿感强，容易过量进食。由此可见，人体能量代谢机制的复杂程度较高，在不了解相关知识的情况下，是很难制定出有效、安全的运动减肥方案的。

不科学的运动不仅不减肥，还伤身体

3. 运动与营养的搭配不合理

俗话说"减肥不光要迈开腿，也要管住嘴"，这里的"管"并不是"尽量少吃、严格限制"的意思，而是"适当限制＋合理搭配"的意思。饮食必须与运动进行合理的搭配才能长期坚持且不损害健康，否则即使运动计划再科学、生活方式再健康，也会导致减肥失败。例如，采用抗阻力量训练运动方案但蛋白质补充不足，则一段时间后肌肉容易受伤；采用高强度间歇运动方案但不吃主食，则一段时间后糖原储备耗竭，会导致疲劳感强烈而不愿意运动；采用限制饮水的方式控制体重，或只喝纯净水，则可能导致精神萎靡、高血压或低血压，严重脱水，甚至脱水性休克。所以减肥计划必须将科学运动与科学营养相结合，缺一不可。

4. 由于某些错误的生活方式，浪费了减肥成果

常见的不良生活方式如晚睡或睡眠时间过短、过量饮酒、吸烟、暴饮暴食、长时间静坐或卧、三餐不规律、作息时间混乱或精神紧张焦虑并且不能有效舒缓等。这些行为都会带来植物神经功能失调、内分泌系统与免疫系统功能紊乱，或者热量摄入过多，使得前期减肥成果被削弱。尤其是在减少饮食、保持能量负平衡一段时间后，偶尔一次大量进食引起的胰岛素分泌会比平时更多，身体对胰岛素也比平时更敏感，而胰岛素是促使食物中的脂肪被吸收和储存入体内作用最强的激素，会促使更多脂肪被消化吸收，对于减肥计划的破坏性作用比平时更强，因此许多人在减肥期间偶尔一次应酬或大吃大喝，往往会使体重大幅度回升，对于减肥信心的打击是比较大的，很可能就此放弃。

为什么会越减越肥？

以上几个导致减肥失败的原因，在减肥人群中非常常见。如果减肥的方法不正确，大多会以体重的报复性反弹或健康受到损害而告终，这是我们不希望看到的结果。因此，应该认真学习正确的运动与营养知识，且最好在专业人士的指导和帮助下来进行减肥实践，以保证减肥效果和保护好自身健康。

第三章
肥胖诊断标准与体成分

第一节　BMI —— 身体质量指数

如何判断一个人是否肥胖,以及肥胖的程度?人们最早用的判断指标是标准体重,目前最常用的筛查指标是身体质量指数(body mass index,BMI),但最准确的个体诊断指标则是**体成分**。

标准体重的计算公式有很多简单的计算方法,例如最常见的公式:

标准体重(千克)= 身高(厘米)-105;

再如世界卫生组织(WHO)推荐的公式:

男性标准体重(千克)=[身高(厘米)-80]×0.7;

女性标准体重(千克)=[身高(厘米)-80]×0.6。

计算出标准体重之后,再以实际体重超过标准体重的比例来判断是否肥胖:

- 正常:体重在标准体重 ±10% 范围内
- 超重:体重超过标准体重 10%~20%
- 肥胖:超过标准体重 20% 以上

此外,还有其他的计算公式,多是基于不同地区、不同人种的研究获得的简易计算方法,计算结果则大同小异。用标准体重来评估超重与肥胖的方法很简便,能够帮助人们快速做出一个大致的判断,但是忽略了不同个体的体型差异和体成分差异,因此不够准确。

为了能够在不同地区、不同人种之间进行体质比较,有必要统一计算方法。在大量研究的支持下,WHO 逐渐选定了身体质量指数(BMI)作为肥胖评估指标。BMI 与标准体重一样非常容易计算和使用,计算公式为:BMI= 体重(千克)/ 身高^2(平方米)。WHO 把 BMI ≥ 30 千克/平方米设定为肥胖筛查标准,这一标准主要是基于对高加索人种的研究设定的,我国则根据对中国国民的研究,将肥胖的筛查标准设定为 BMI > 28 千克/平方米。那么卫生组织是基于什么条件来设定 BMI 肥胖筛查标准的呢?主要是依据不同 BMI 水平人群高危疾病的发生率,例如我国研究者通过流行病学统计,发现在 BMI 超过 28 之后,健康危害较大的疾病(如心血管疾病)的发病率出现快速升高的现象,因此把这一阈值定义为肥胖筛查标准。此外,18 岁以前的儿童青少年的 BMI 肥胖筛查标准低于成人,且年龄越小,筛查肥胖的 BMI 界值越低,根据《学龄儿童青少年超重与肥胖筛查》(WS/T 586—2018)标准,6 岁儿童 BMI 达到 17.7 千克/平方米即可评估为肥胖,随着年龄不断增长,筛查肥胖的 BMI 界值逐渐升高,大概在 6~14 岁,每增加 1 岁,筛查肥胖的 BMI 界值增加约 1.0,15~18 岁,每增加 1 岁,筛查肥胖的 BMI 界值增加约 0.5,直到 18 岁时达到成人的 28 千克/平方米标准。

美国运动医学会（ACSM）基于体重指数及腰围的疾病风险分层

相较于正常体重指数及腰围疾病的风险

体态	BMI	男性腰围≤102厘米 女性腰围≤88厘米	男性腰围＞102厘米 女性腰围＞88厘米
低体重	＜18.5	—	—
正常	18.5~24.9	—	—
超重	25~29.9	增加	高
I 级肥胖	30~34.9	高	非常高
II 级肥胖	35~39.9	非常高	极高
III 级肥胖	≥40	极高	极高

（美国运动科学学院推荐）

中国成年人 BMI 分级

体重分级	BMI
轻体重	＜18.5
健康体重	18.5~24
超重	24~28
肥胖	＞28

中国成年人腰围风险等级

风险等级	腰围 女性	腰围 男性
很低	＜70厘米	＜80厘米
低	70~89厘米	80~99厘米
高	90~109厘米	100~120厘米
非常高	＞110厘米	＞120厘米

（《中国成人超重和肥胖症预防控制指南》）

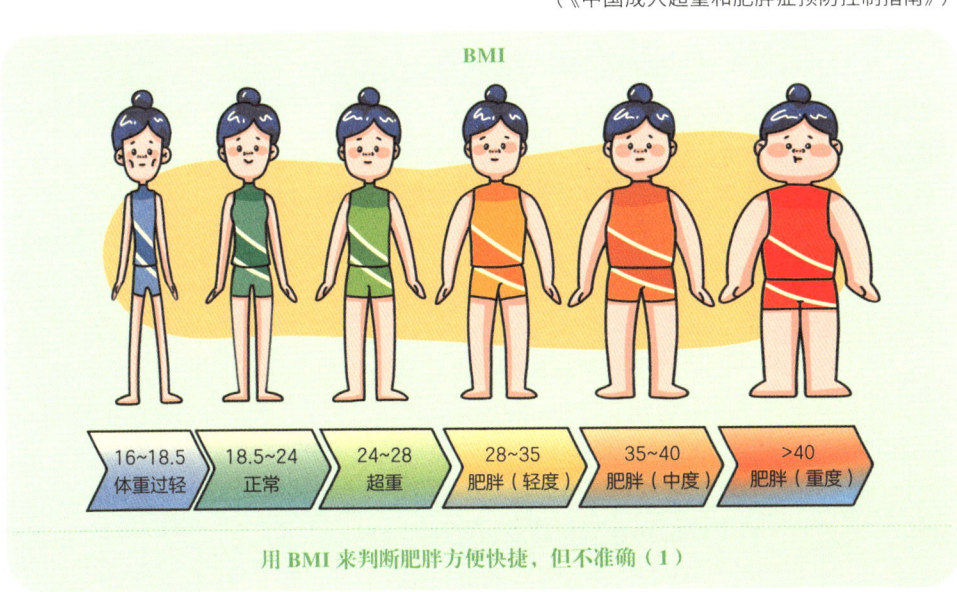

用 BMI 来判断肥胖方便快捷，但不准确（1）

用 BMI 来判断肥胖方便快捷，但不准确（2）

虽然 BMI 非常容易计算和使用，但是在标准文件，如《学龄儿童青少年超重与肥胖筛查》中，并非将 BMI 值称为肥胖程度的"判断标准"，而是称为"筛查界值"，根据 2014 年公布的全科医学与社区卫生名词（术语），"筛查"的定义为：应用快速、简便的检验、检查手段，从表面健康者中查出可能患病者，以便进一步诊治的过程。从这个定义可知，BMI 只是一个简便指标，其作用是对大样本量人群进行初步的肥胖筛查，以判断该人群的体重特征，为政府制定健康政策提供依据，而具体用在对某个个体进行肥胖诊断时，就不够准确了。例如，运动员人群或健身爱好者，他们的肌肉发达，BMI 往往偏高，反之缺乏锻炼的肌少症患者 BMI 可能偏低，因此用 BMI 并不能准确评价其健康水平。因此，2020 年 WHO 在"用 BMI 来定义成人超重和肥胖"这一章节的最后一段这样写道"BMI 因为对不同性别和年龄的成年人都适用，因而是最有用的人口水平的超重和肥胖衡量指标。但是，由于 BMI 相同的不同个体，其肥胖程度不一定相同，因而应将 BMI 视为粗略的指导"。

第二节 体脂百分比

那么应该如何准确地判断一个人是否肥胖呢？肥胖的定义是"体内脂肪积累过多达到危害健康的一种慢性代谢性疾病"，所以，体脂百分比（又称体脂率）无疑应是评估肥胖最合适的指标。但是长期以来，为什么WHO一直未推荐肥胖的体脂率标准呢？为了解释其原因，有必要向读者介绍一下体脂率测试方法的发展历史。

最早人们是用水下称重法（又名静水称重法）来测定人的身体成分，它采用阿基米德原理，即：与等密度的物体相比，同等重量的低密度物体表面积更大，排水量也更大。测试时，受试者要穿着尽量少的衣物（尽可能小而薄的泳装），首先在身体完全干燥的状态下测定体重（陆地体重）；然后受试者坐在一个可以称重的椅子上，测试人员将椅子缓慢降入水中，直到水位刚好在受试者的下巴下方；要求受试者把肺里的空气尽量完全呼出，憋住呼吸，然后将头完全浸入水中，身体尽可能保持不动；测试人员迅速测定受试者的水下重量，然后快速将受试者拉出水面。用以上数据，先计算出人体体积＝（陆地体重－水下体重）/水的密度，然后计算出人体密度＝陆地体重/人体体积。人的身体可分为脂肪和瘦体重两大类组织，而且密度都相对恒定，脂肪的密度约0.9克/厘米^3，瘦体重的密度约1.1克/厘米^3，据此可以计算出它们的比例：体脂百分比＝（4.57/人体密度－4.142）×100%。这种测试方法中，会影响结果准确性

> **身体成分评定——水下称重法**
> 又称密度测量法（金标准），应用阿基米德原理设计而成。即浸入液体中的物体所受的浮力，等于该物体所排开同体积液体的重量。将个体完全沉入水中，再测量排出的水量，身体重量与体积相除，即可得到比重。

用水下称重法测定体成分的场景

的主要是受试者体内的气体，包括肺中空气的残留量，以及肠道中的气体，通常要对肺中的残留气体积进行估算，以提高最终结果的准确性。

水下称重法测定体脂率的准确度很高，通常误差仅为 2%~3%，一直被作为身体成分测定方法中的"金标准"（也就是权威的、相对最准确的测试方法）。问题是，这种方法极少被使用，首先是因为需要精准的专业测试装置，而这种设备维护保养很麻烦，全世界都很少有实验室还保留有这套装置；其次是测试费时，测一个人往往就需要 1~2 小时；再次是对受试者健康程度与依从性要求高，因为受试者入水后需要尽可能保持身体不动以让体重秤指针稳定到可以读数的程度，然后尽量完全地呼出肺内空气并尽可能缓慢地把头埋入水中再保持不动，至体重秤稳定到可以读数的程度，受试者往往要重复多次才能做得好，这个过程很难控制，尤其是憋不住气的老年人和好动的儿童是很难测准的，所以"水下称重法"一直只是作为高水平研究级的测量方法，无法大规模普及应用于大众日常的肥胖测试与诊断。这显然不能够满足人们的需要，因此陆续研究开发出了一些能够便捷应用于大众体成分评测的新方法，依据准确性由高到低来排序依次是：双能 X 射线吸收法（DEXA）> 空气置换体积描记法（Bod Pod）> 生物电阻抗分析法（BIA）> 皮褶厚度测量法（skinfold）。DEXA 法采用类似 CT 扫描的原理对全身进行 X 线扫描，通过不同组织密度分析体成分，其误差率仅为 1.5%，准确率最高；Bod Pod 法同样是采用阿基米德原理，只不过是以空气代替水为介质来测定人体体积，但是由于空气的可压缩性比水高得多，因此准确性不如水下称重法，通常会使身体脂肪水平低估 2%~3%，并且测试房间如果有空气流动则结果偏差会增大，胜在测试设备体积较小、易维护，测试时间相对较短（每人次 20~30 分钟）；BIA 法是利用身体不同组织导电率（电阻抗）不同的原理，测定流过身体的电流衰减率来估算身体成分的方法，影响结果的因素较多，所以误差较高；皮褶厚度法，是用专用的皮褶卡尺（或称皮褶计）在身体的不同部位夹住皮下脂肪层，测量该双厚度夹层的厚度数据，代入特定方程式来估算人体脂肪比例，皮下脂肪通常约占人体总脂肪的 50%，因此可通过获得皮下脂肪层的估算值来估算人体总脂肪量。以上几种方法在评估肥胖方面均较体重和 BMI 方法更准确，即便在很多大样本量肥胖筛查研究中，采用皮褶法也比 BMI 的评估结果更准确。因本书篇幅有限，不一一详细介绍以上方法，重点介绍一下 DEXA 法和 BIA 法。

小知识

DEXA 法

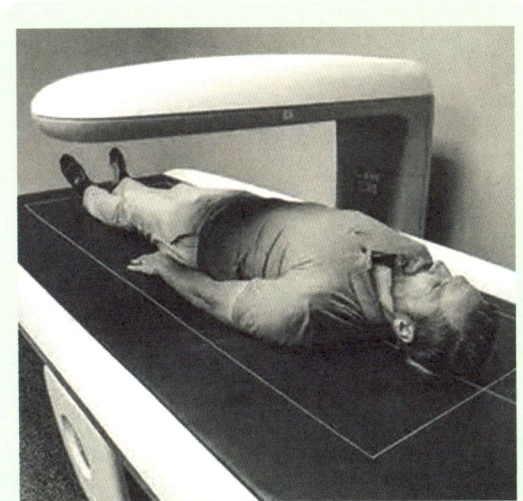

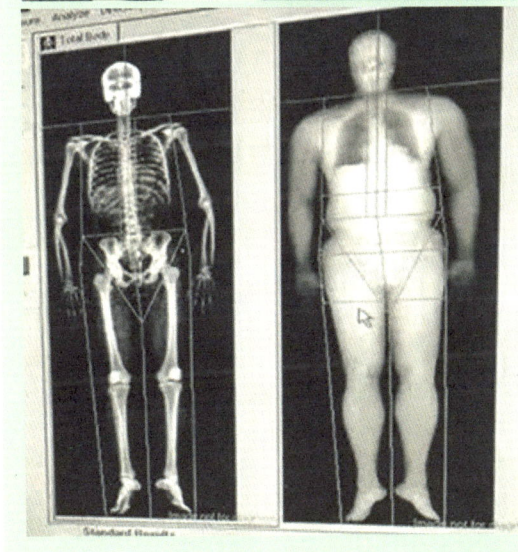

双能 X 射线吸收法设备

DEXA 法是除了水下称重法以外，可以被称为体成分测试"金标准"的第二种方法，不仅误差小，而且比水下称重法的便捷程度高很多，尤其是能够区分身体不同部位的体成分，以及可以进行骨组织的密度测定，误差率可低于 1.0%。DEXA 设备的工作原理是发射两束 X 射线对人体进行逐层扫描，一束强度较高，另一束强度较低，探测头测量组织吸收 X 射线的比例，通过相对吸收率分析组织的密度，根据不同组织的密度特征分析其是骨骼、脂肪还是肌肉等。尽管该设备采用了 X 射线技术，但每次测试所使用的辐射能量却很少，少到只相当于一次标准胸透所受到 X 射线辐射剂量的 1/800，这甚至远远低于普通人一天中所要承受的背景辐射（来自自然环境的辐射），因此这个测试很安全。但是该设备价格较昂贵，且每台设备每日测试数量有限（几十人次），因此也很难大规模应用于大众健康筛查。

BIA 法

BIA 法是现在市场应用最广的测试方法，不仅测试设备品牌多，而且市场保有量大，准确率因不同品牌、不同设备配置等条件而有较大差别，低端设备可用于大众健身领域的体脂率监测，高端设备可用于专业运动员体脂率监测及体重控制，也可用于一些体检机构和医疗机构。BIA 设备主要工作原理是测量流经人体不同组织的电流的相对损耗，肌肉组织水分多，电阻小，流经肌肉的电流损耗小；脂肪组织几乎不含水，电阻大，流经脂肪的电流损耗大。从原理上来看，电流损耗主要受到电流所通过路径上的肌肉组织含水量、脂肪组织比例及路径长度几个因素的影响，因此在测算脂肪比例时，需要将影响以上这几个因素的年龄（年龄越小，细胞含水量越高）、性别（女性人体含水量较男性少，体脂比率较男性高）、身高等指标纳入计算方程式，再将计算结果与用金标准测量方法（水下称重法或 DEXA 法）测定的结果进行比较来修正方程式，最后得出算法。由于不同人之间组织的含水量和肢体与躯干长度等参数的个体差异很大，用同样的年龄、性别、身高参数来设计方程式显然无法兼顾个体差异，因而是很难做到准确的，所以 BIA 法始终得不到人们的普遍认可。BIA 法要想解决个体差异的影响，必须解决一个技术难题，就是如何让电流能够通过全身各个部位从而能够直接测定全身的体成分，但无论是在身体哪两个部位贴附电极，放电电极释放的电流都只会通过最短路径到达接收电极，所以要提高设备准确性就必须增加电极数量。例如 2020 年以前上市的多数小型体脂率测量设备都是两个电极的，或是双脚各踩一个电极，或是双手各持一个电极，都只能测定双下肢或双上肢之间最短路径所通过组织的体脂率，通过这个局部测定结果再推算或估算全身体脂率，显然是无法做到准确的，误差率可达 30% 以上。而近几年上市的小型体脂率测量设备，以及多数体检机构和医疗机构使用的 BIA 设备，都是至少 4 个电极

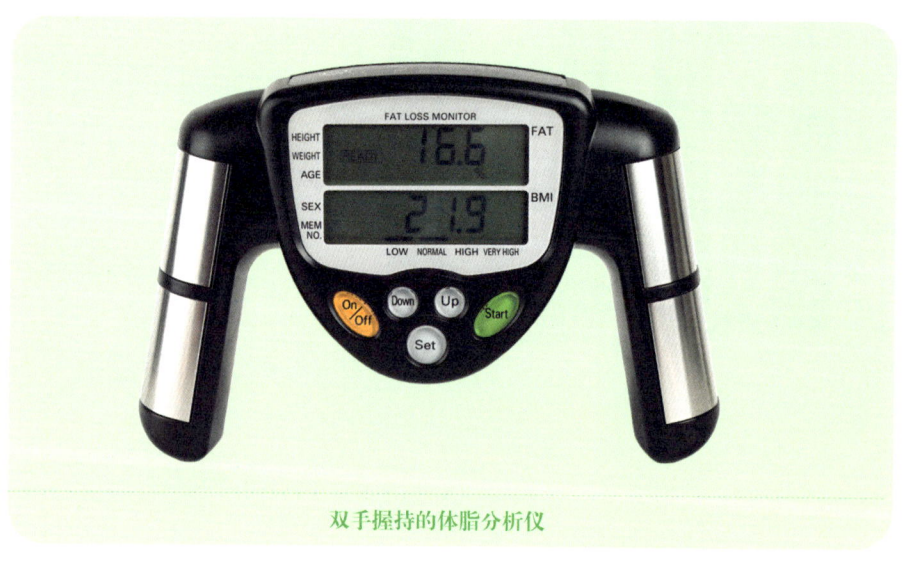

双手握持的体脂分析仪

到 8 个电极的设备，联通了四肢的几个电极之间轮流测试，能够使电流通过尽量多的身体部位，从而提升准确率。另外，人们设计了多频段（5~500Hz）电阻抗技术，能够更准确地测定组织含水量，减少了对用年龄、性别等指标修正方程式的依赖，从而更进一步提高了测试准确性，使得现代最先进的 BIA 原理体成分分析仪能够更准确地测定体成分，而且能够测定人体不同部位的体成分参数，准确性提升的同时重复性也很高，加上这类设备使用方便、测试时间短（仅需数分钟），因此逐渐成为了当前能够广泛普及的体脂率测定设备。

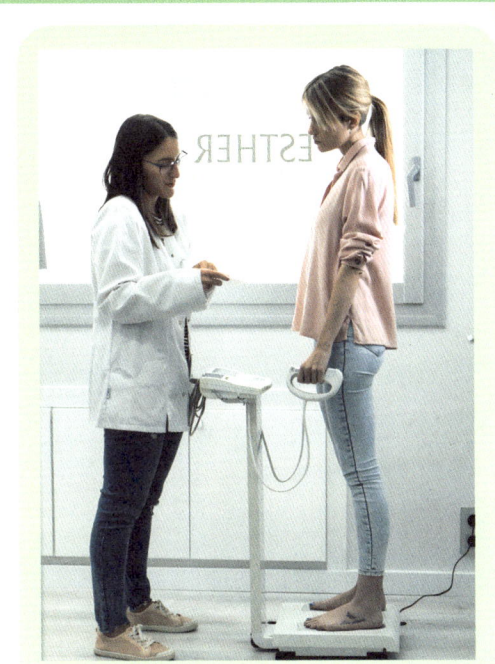

多电极、多频段体成分分析仪

但是一个人体内的脂肪到底要达到多少比例才算是"过多"而能够评价为肥胖呢？尽管最早的金标准测试"水下称重法"已经被发明超过半个世纪了，但"肥胖的体脂率诊断标准"这个问题始终没有一个全球公认的结果，主要原因有两个方面：一是不同人种之间差异较大，难以统一标准，因此各国都在努力建立适合本国、本民族人群的评价标准；二是测试方法难以统一，"金标准"方法如水下称重法、DEXA 等因测试成本太高而难以普及，容易普及的方法如皮褶计、低端 BIA 设备则准确性不足，准确性足够高的高端 BIA 设备测试成本也同样居高不下。因此要解决这个问题，主要瓶颈还是在检测设备的准确性和成本两个方面，如果能够做到可以对大规模人群开展较准确的测试，甚至在多数家庭中普及，那么 WHO 会很快制定体成分的相关标准。

关于肥胖的体脂率标准研究进展

尽管世界卫生组织尚未正式推荐用体脂率评价肥胖的标准，但由于大量临床诊断工作的需要，一些专业研究机构已经在积极开展较大样本量人群的体脂率检测，研究制定肥胖的体脂率标准。例如我国的一项研究，采用BIA设备检测了46618人的体成分，并与用BMI标准筛查的肥胖率做了相关分析和比较，建议评价肥胖的体脂率临界值为男性27.4%，女性为34.3%。韩国的基因组学慢性病研究组用BIA设备连续10年跟踪监测4864位无高血压受试者的体脂率，并与他们在10年间发生高血压的发病率进行了相关分析，发现体脂率≥19.9%的男性和体脂率≥32.5%的女性发生高血压的风险明显升高，即使在低BMI、腰围和腰臀比的个体中也是如此，甚至即使在非肥胖个体中，体脂率的增加也与高血压风险的增加显著相关。这个研究组还运用同样的方法对5972位无糖尿病受试者进行了10年追踪研究，发现体脂率≥22.8%的男性和体脂率≥32.9%的女性发生2型糖尿病的风险明显升高。以上几个研究的样本量都比较大，或者是长期跟踪研究的结果，因此还是非常有价值的，综合其结果来看，男性体脂率>27%和女性体脂率>33%是可以与其健康危害产生显著性关联的。但要注意，以上研究都是以BIA法为体脂率测量手段的，由于对测试方法的准确性有质疑，因此较难形成研究者共识。

基于对准确性的要求，尽管水下称重法和DEXA法的技术成本太高而难以推广，还是有很多研究者试图利用其建立肥胖的诊断标准。世界卫生组织对此类研究也颇为关注，其早在1995年就引用了一篇1992年发表的研究论文来探讨肥胖的体脂率诊断标准问题。这篇论文的研究者Bjontorp和Evans对200名健康的45~78岁瑞典男女进行了水下称重测试，发现45~49岁的男性平均体脂率为25%，并随年龄逐渐升高，到60~65岁时，平均体脂率稳定在38%；45~49岁的女性平均体脂率为30%，同样随年龄逐渐升高，到55~59岁时，女性平均体脂率稳定在43%；之后60~78岁，无论男性和女性，体脂百分比都没有明显的变化了。正是基于WHO在一份技术报告中引用了这项研究的结果，此后许多研究者都采用了男性体脂率>25%和女性体脂率>30%作为诊断肥胖的临界值。但是由于不同人种之间差异较大，这一标准很难用于亚洲人，例如2021年发表的一项新加坡的研究中，用DEXA检测了542名受试者的体脂率，结果发现如果用体脂率男>25%，女>35%为标准来对新加坡居民进行肥胖筛查，则肥胖率高达82.0%（男80.2%，女83.8%），与此同时，用WHO肥胖筛查标准（BMI≥30千克/平方米）则发现该群受试者的肥胖率为12.9%（男14.9%，女11.0%）；用新加坡卫生部肥胖筛查标准（BMI≥27.5千克/平方米）则发现肥胖率为26.6%（男30.7%，女22.8%），结果相差非常之大。同样地，在一项马来西亚40~59岁女性的横断面研究中，用体脂率>33%作为肥胖诊断标准时，发现肥胖发生率高达72.8%，但使用BMI≥30千克/平方米筛查时仅为20.6%，结果相差也很大。从这两项研究还可以看出，用DEXA法进行肥胖评估，则评价临界值会明显高于BIA检测方法获得的临界值。另外，这些研究证明，与欧洲、北美洲人相比，亚洲人在相同年龄、性别和BMI指数的人群中有更高的体脂率，在较低BMI值的人群中有更高的2型糖尿病（T2DM）患病率和更高的心血管风险。因此，用世界卫生组织的BMI肥胖筛查标准确实难以满足亚洲人对肥胖诊断的要求，必须要基于本国、本地区的大样本量人群体成分与慢性病关系研究来制定本国、本民族的体脂率与BMI的肥胖诊断和筛查标准。未来的医学与健康工作，将会越来越民族化、区域化和个性化，这样才能满足人民群众对精准化健康服务的需求。

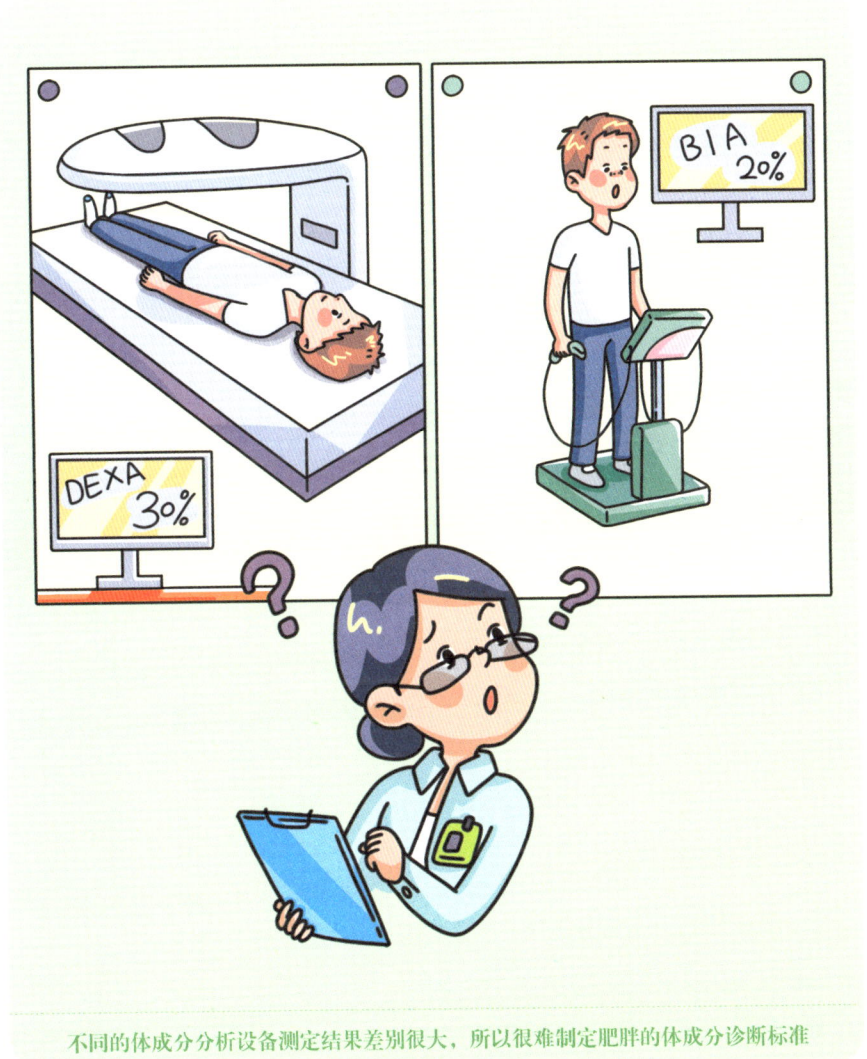

不同的体成分分析设备测定结果差别很大，所以很难制定肥胖的体成分诊断标准

综上所述，判断一个人是否肥胖，外行看体重，内行看体成分。一定要改变看体重来减肥的习惯，因为盯着体重来减肥的人们大多数都以体重反弹结束一次减肥历程，所以如果不改变这个做法，大概率就是不断重复这个过程，并且导致身体衰老得更快。**关于体成分的知识，笔者认为应是有减肥需求者的必修课之一，也是这本书最重要的知识点。**

下表为美国运动医学会（ACSM）推荐的基于体脂率的体成分分级方法。

ACSM 推荐的不同年龄男性体成分评级
（基于 DEXA 法的体脂率，单位：%）

年龄						评级
20~29	30~39	40~49	50~59	60~69	70~79	
4.2	7	9.2	10.9	11.5	13.6	非常瘦
6.3	9.9	12.8	14.4	15.5	15.2	
7.9	11.9	14.9	16.7	17.6	17.8	
9.2	13.3	16.3	18	18.8	19.2	
10.5	14.5	17.4	19.1	19.7	20.4	优秀
11.5	15.5	18.4	19.9	20.6	21.1	
12.7	16.5	19.1	20.7	21.3	21.6	
13.9	17.4	19.9	22	21.3	22.5	
14.8	18.2	20.6	22.1	22.6	23.1	良好
15.8	19	21.3	22.7	23.2	23.7	
16.6	19.7	21.9	23.2	23.7	24.1	
17.4	20.4	22.6	23.9	24.4	24.4	
18.6	21.3	23.4	24.6	25.2	24.8	一般
19.6	22.1	24.1	25.3	26	25.4	
20.6	23	24.8	26	26.7	26	
21.9	23.9	25.7	26.8	27.5	26.7	
23.1	24.9	26.6	27.8	28.4	27.6	较差
24.6	26.2	27.7	28.9	29.4	28.9	
26.3	27.8	29.2	30.3	30.9	30.4	
28.9	30.2	31.2	32.5	32.9	32.4	
33.3	34.3	35	36.4	36.8	35.5	非常糟

ACSM 推荐的不同年龄女性体成分评级
（基于 DEXA 法的体脂率，单位：%）

年龄						评级
20~29	30~39	40~49	50~59	60~69	70~79	
9.8	11	12.6	14.6	13.9	14.6	非常瘦
13.6	14	15.6	17.2	17.7	16.6	
14.8	15.6	17.2	19.4	19.8	20.3	
15.8	16.6	18.6	20.9	21.4	23	
16.5	17.4	19.8	22.5	23.2	24	优秀
17.3	18.2	20.8	23.8	24.8	25	
18	19.1	21.9	25.1	25.9	26.2	
18.7	20	22.8	26	27	27.7	
19.4	20.8	23.8	27	27.9	28.6	良好
20.1	21.7	24.8	27.9	28.7	29.7	
21	22.6	25.6	28.8	29.8	30.4	
21.9	23.5	26.5	29.7	30.6	31.3	
22.7	24.6	27.6	30.4	31.3	31.8	一般
23.6	25.6	28.5	31.4	32.5	32.7	
24.5	26.7	29.6	32.5	33.3	33.9	
25.9	27.7	30.7	33.4	34.3	35.3	
27.1	29.1	31.9	34.5	35.4	36	较差
28.9	30.9	33.5	35.6	36.2	37.4	
31.4	33	35.4	36.7	37.3	38.2	
35.2	35.8	37.4	38.3	39	39.3	
38.9	39.4	39.8	40.4	40.8	40.5	非常糟

第四章

单纯用控制饮食来减脂为什么难?

多数减肥者开始减肥时，都会采用少吃、不吃主食或者只吃素食等办法，结果往往是短期内有效果，一段时间后就出现反弹，减肥多以失败告终，说明单纯用控制饮食来减脂并不容易，需要学习足够的营养学知识才可能成功。本章将进一步对相关的营养学知识进行介绍和讨论，以帮助减肥者规避一些营养学误区，少犯错误，提高效率。

第一节 "管住嘴、迈开腿"易说难做
——能量守恒定律"失灵了"

人体的代谢要遵守"能量守恒与物质不灭定律"，因此可以认为肥胖的发生是人体摄入能量过剩而导致脂肪过度积存的过程，而减肥则可以定义为一个通过持续造成能量负平衡来实现脂肪消耗从而恢复正常体重和体脂率的过程。最容易想到的办法，就是准确计算每日的能量消耗与食物热量摄入，从而准确控制能量负平衡的数量，达到"精确减肥"的目的。例如，让一个每日能量需求总量为 2900 千卡（kilocalorie，kcal，千卡路里或大卡，1 大卡是指能让 1 升纯水温度升高 1 摄氏度的热量）的人，只摄入热量值为 2000 千卡的食物，每天产生 900 千卡的能量缺口；按照每克脂肪充分氧化代谢能够产生 9 千卡热量来算，每天就能够消耗掉 100 克的身体脂肪。这个假设如果成立，就能完美解决减脂的有效性问题，我们姑且称之为"完美假设"，在过去的一百多年中，许多科学家都在孜孜不倦地探讨实现这个"完美假设"的科学路径。

为什么营养学家对于体重控制的"完美假设"（左图）在实践中却难以成立？

首先是研究"如何测定每日能量消耗"的方法,从 20 世纪中叶开始直到现在,能量代谢的测定一直是人们的研究热点。研究者将人每日的能量消耗分为三部分,即每日能量消耗 = 基础代谢 + 体力活动消耗 + 食物动力学消耗,另外,儿童、青少年、孕妇、乳母还要加上一个生长发育所需要的能量。其中基础代谢占比最大,占每日总能量消耗的 60%~75%,它是指人体维持生命所需要的最低能量,也就是我们在舒适环境下不吃不动平躺一天所消耗的能量;体力活动消耗顾名思义,就是人每天从事生产、生活、运动等身体活动所消耗的能量,也是我们可以主动控制的能量消耗;食物动力学消耗是指人在进食后胃肠等消化系统用于消化、吸收食物营养的能量消耗值,占比最少,约占每日能量消耗的 10%,通常只做估算,不做准确测定。

人体每天消耗的总能量

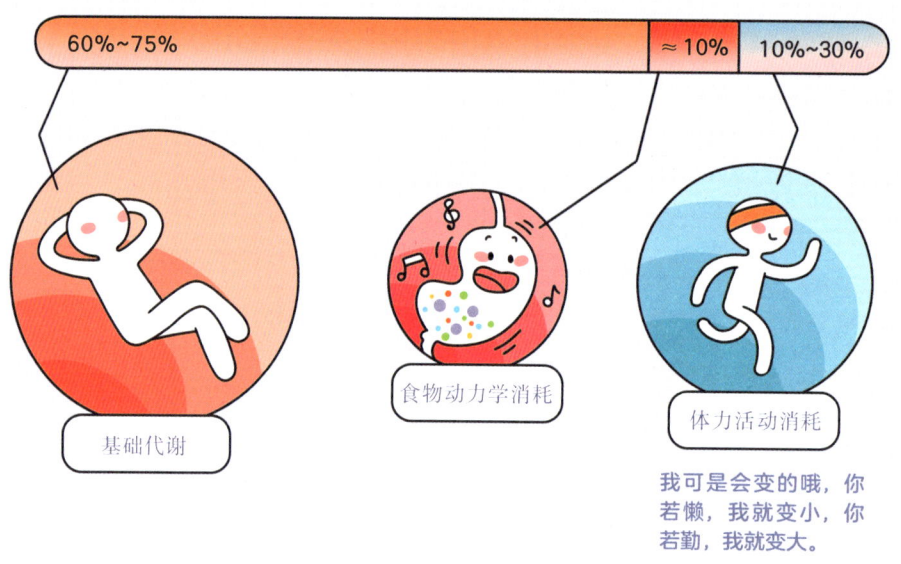

我可是会变的哦,你若懒,我就变小,你若勤,我就变大。

人体每天消耗能量的组成

年轻人吃得多却不易胖,主要是因为基础代谢率(BMR)比较高,如何准确测量基础代谢率一直是研究者感兴趣的研究方向,但是迄今为止基础代谢率的准确测定仍然很困难,很难大规模应用。

基础代谢率的测量方法

最精确的是"直接热量测定法",受试者进入一个封闭的代谢舱里,规定其在测试前至少12小时未吃食物,在室温20℃,保持清醒状态下安静卧床,不进行脑力和体力活动等,代谢舱测定其一天内产生的全部热量,就是其基础代谢率,如下图所示。尽管这是最直接准确的方法,但很难推广,不仅因为代谢舱过于昂贵,全世界只有少数科研机构才建有这样的装置,更重要的是测试条件过于严苛,通常受试者很难做到空腹12个小时后继续静卧24小时而不进食、不活动,也无法做到完全没有思想活动,所以WHO于1985年提出用静息代谢率(RMR)来代替基础代谢率。测定静息代谢率时,受试者空腹3~4小时后即可进行测量,且全身处于休息状态即可,不再要求完全没有思想活动。静息代谢率的值略高于基础代谢率10%,因其测定条件不那么严格,所以应用更为普遍,许多人甚至并不严格区分这两个概念,下文中则还是用"基础代谢率"来代表这两个概念。

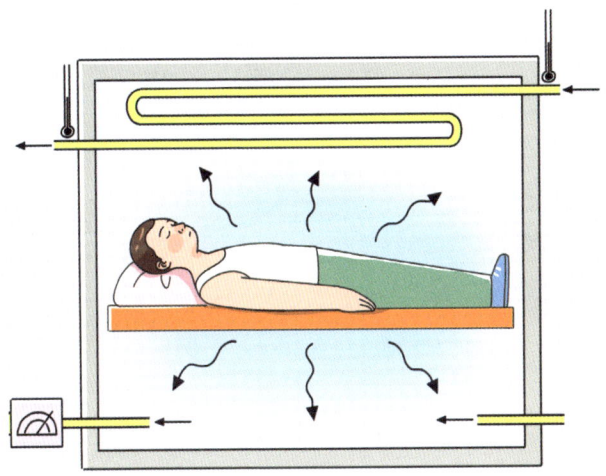

代谢舱"直接热量测定法"

另外一个应用很广的基础代谢率测试办法叫"间接热量测定法",根据物理学的HESS法则,即氧消耗的同时伴随二氧化碳的产生和热量的生成,也就是"产热营养素 + 氧气 → 二氧化碳 + 水 + 能量",而糖、脂肪、氨基酸这三大热能营养素充分氧化生成能量时,消耗的氧、生成的二氧化碳和热量的比例是相对固定的,因此可以通过只测定单位时间内个体的耗氧量(V_{O_2})和二氧化碳生成量(V_{CO_2})来计算单位时间内人产生的热量,进而推算24小时的基础代谢率。具体计算步骤如下:①受试者测试前不能喝茶或咖啡,先空腹4~8小时,并安静休息大约30分钟以上,然后躺在一个温度恒定于22~26℃的房间里,保持心情平静,戴上气体收集面罩,用气体代谢分析仪连续30~60分钟收集V_{O_2}和V_{CO_2}的值;②计算呼吸熵(respiratory quotient,RQ)= V_{CO_2} / V_{O_2},

根据脂肪、葡萄糖、氨基酸充分氧化所需要的 O_2 与生成的 CO_2 的比例关系，可以计算出 RQ。当 RQ 接近 0.7 时，说明机体以氧化脂肪为主；当 RQ 接近 1.0 时，机体以氧化葡萄糖为主；氧化蛋白质的 RQ 是 0.8。RQ 为 0.85 时说明三种主要能量物质正在以 1∶1∶1 的分子质量比在进行氧化代谢；③基于呼吸熵原理和 V_{O_2}、V_{CO_2} 的测定，我们可以比较准确地计算出基础代谢率（静息代谢率）＝ $[3.9×(V_{O_2}) + 1.1×(V_{CO_2})] ×1.44$ 。不过，这种测试也是需要特殊的环境及昂贵的仪器支持的，测试的过程烦琐，成本高，所以还仅仅用于科研机构，很难在临床推广。

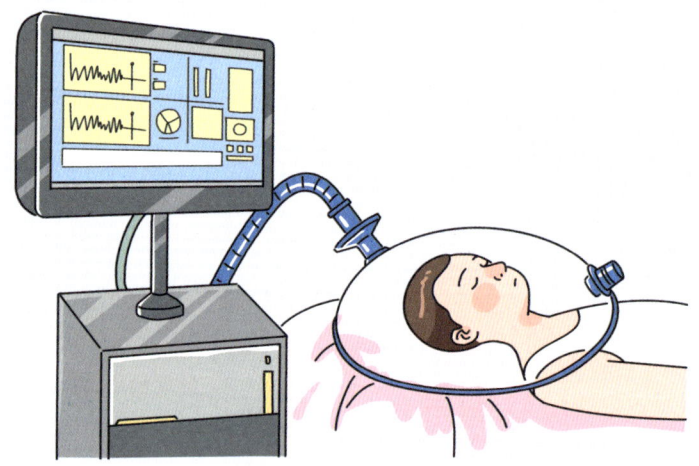

气体代谢分析仪通过测定吸入与呼出气体中氧气与二氧化碳的浓度变化间接推算基础代谢率

因为基础代谢率的准确测量很困难，所以人们便想办法建立简易的计算公式来供大规模人群使用。公式的建立需要将基础代谢率的主要影响因素作为主要参数，包括身高与体重、年龄、性别、环境、人种、遗传差异等。①身高与体重：早期的研究发现了一个有趣的现象，就是各种动物不论其身体的大小差别有多大，每平方米体表面积每 24 小时的产热量很接近，所以早期的基础代谢率大多是用体表面积作为主要参数来计算。然而体表面积的直接测定很困难，因此，有研究者设计了利用身高、体重推算体表面积的经验公式，例如：

男性体表面积（平方米）＝0.0057× 身长（厘米）＋0.0121× 体重（千克）＋0.0882
女性体表面积（平方米）＝0.0073× 身长（厘米）＋0.0127× 体重（千克）－0.2106
然后根据下表参数计算基础代谢率。

举个例子，计算一位身高 1.75 米，体重 70 千克，年龄 20 岁男青年的一日基础

我国人正常基础代谢率平均值

单位：千卡/（平方米·小时）

年龄	男性	女性
18~19	39.7	36.8
20~30	37.9	35.1
31~40	37.7	35.0
41~50	36.8	34.0
51 以上	35.6	33.1

（顾景范主编《现代临床营养学》第二版第 4 页）

代谢率，先计算其体表面积 =0.0057×175+0.0121×70+0.0882 =1.9327 平方米，查表 20 岁男性平均基础代谢率为 37.9 千卡/（平方米·小时），则该青年男性一日基础代谢率 =1.9327×37.9×24= 1758 千卡/天。用这个简单公式方法计算基础代谢率简单、方便，只需要知道性别、年龄、身高、体重这 4 个参数就能计算。但是，用简单公式计算的基础代谢率准确性不高，与直接测定的结果差别为 10%~40%，通常仅用于大样本量人群的研究应用，难以准确计算单个个体的基础代谢率。例如两个身高、体重、年龄、性别均相同的人，一个爱运动，另一个不锻炼，用公式计算出来的基础代谢率是一样的，但实际的差别却会很大，所以这种计算方法的准确率显而易见是有限的。②年龄：如果按每千克体重日常能量消耗（相对值）来算，那么年龄越小基础代谢率相对值越高，并随着年龄的增长而逐渐下降。但如果按绝对值来算，在整个生命过程中，一个人的基础代谢率会随着年龄增长呈一个"倒 U"形变化，通常在 20~30 岁左右达到峰值，30 岁后则每 10 年下降约 2%。根据这一规律，人们要想维持体重不变的话，必须在 30 岁后每十年增加 2% 的能量消耗或减少 2% 的能量摄入，以适应基础代谢的逐渐降低。尽管这 2% 的差异似乎很小，但日积月累下来，却会对身体成分产生重大影响。例如，一个普通人每天消耗约 2500 千卡的热量，其 2% 就是每天 50 千卡，乘以 365 天则每年为 18250 千卡。也就是说，人在 40 岁时如果每日进食量跟 30 岁时差不多，则在 1 年之后将会多摄入 18250 千卡热量，换算成脂肪将是大约 2 千克，可见基础代谢对体成分的影响是可观的。事实上，30 岁以后我们的**食欲和食量并没有随着基础代谢率的下降而减少**，甚至很多人因为经济条件越来越好、家庭越来越稳定而越吃越多、越吃越好，因此**这是大多数中年发福现象的主要原因**。③肌肉含量：通常男性比女性基础代谢率高，主要原因是肌肉更多；如果是同性别的

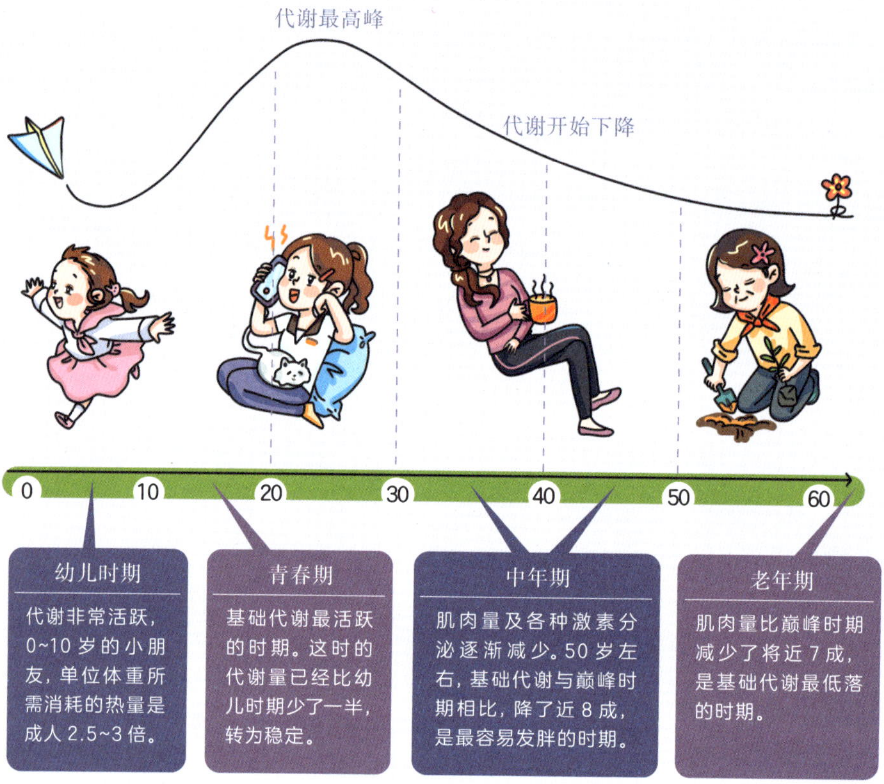

代谢最高峰

代谢开始下降

0 10 20 30 40 50 60

幼儿时期
代谢非常活跃，0~10岁的小朋友，单位体重所需消耗的热量是成人2.5~3倍。

青春期
基础代谢最活跃的时期。这时的代谢量已经比幼儿时期少了一半，转为稳定。

中年期
肌肉量及各种激素分泌逐渐减少。50岁左右，基础代谢与巅峰时期相比，降了近8成，是最容易发胖的时期。

老年期
肌肉量比巅峰时期减少了将近7成，是基础代谢最低落的时期。

基础代谢率的增龄性变化

人，则肌肉越多，基础代谢率也越高，相对越不容易变胖；老年人基础代谢率低，也与肌肉比年轻时少，以及激素水平下降有关。④环境：生活在热带地区和寒带地区人群的平均基础代谢率要高于温带地区人群，说明人体处于舒适温度环境时基础代谢率最低，无论环境温度过高还是过低，人体都需要额外消耗能量来适应环境。⑤人种差异：有报道日本人的基础代谢率为1200~1400千卡，欧洲、北美洲人为1500~2000千卡，之所以差异明显，首先是由于平均身高和体重的差异，其次则是因为同样身高体重的亚洲人体脂率高于欧洲、北美洲人，瘦体重低于欧洲、北美洲人。⑥遗传差异：1986年美国的一项研究测量了来自54个家庭共130人的代谢率，在综合考虑年龄、性别、身体结构等差异后，发现不同家庭间的差异可达到约每天500千卡，这意味着吃同样的食物，有的家庭每天长1两脂肪，有的家庭能保持体重，有的家庭会出现营养不良。综上可见，基础代谢率的影响因素很多，不同个体之间差异大，技术上又很难直接测量,所以很难获得一个人的准确基础代谢率。

肌肉多的人基础代谢率也高

可以想见,如果连安静状态下的能量代谢都很难测准,那么要测定每日体力活动的能量消耗量显然更为困难。然而,因为这部分能量消耗是我们能够掌控的,通过增加锻炼、家务、通勤等体力活动就可以主动增加的能量消耗,因此是人们最想准确测量的一部分热量值。目前国际上常用的测定运动能量消耗的方法主要有能量代谢舱、双标水、便携式气体代谢分析仪以及加速度计等,分别简要介绍如下。①能量代谢舱:前文基础代谢率测试部分已有介绍,虽然测得准,但测试成本高,很难大规模为民众服务;②双标水法:依据产热营养素经过氧化代谢最后生成二氧化碳(CO_2)和水(H_2O)的原理,让受试者服用一定剂量的以稳定同位素标记的水,其中氢(H)以氘(^2H)标记水,氧(O)以重氧(^{18}O)标记,然后让受试者每天进行固定模式的运动,收集运动1~3周的尿液,通过分析尿液中标记物的峰度值变化来计算能量消耗,其精确度误差2%~8%,准确度误差1%~3%,可以说是相当准确,也是能量代谢测试的"金标准"

方法之一。但实验成本仍然太高，仅用于研究；③便携式气体代谢分析仪的间接测热法：用这种设备测定受试者运动时吸入与呼出气体中 O_2 和 CO_2 含量，即可根据氧热价计算能量消耗，公式为：单位时间内能量消耗（千卡）= $3.83 \times V_{O_2}$（升）+ $1.18 \times V_{CO_2}$（升）。目前的便携式气体代谢分析仪通过采用轻量化电子元件，可以把重量控制在800~1000克，背负在身上进行各种身体活动，可以测定不同身体活动时的能量消耗量。由于设备传感器灵敏度有限，所以测试准确性和精确度不如前两种金标准方法高，但已经是能够较大规模用于研究或临床应用的、相对最准确的能量代谢测量设备了。缺点是仪器价格仍然偏昂贵，且电池持久力有限，只能测量短时间内的能量消耗；④简易能量消耗测算方法：为了能够大规模应用，研究者们开发出了一些简易、低成本的能量

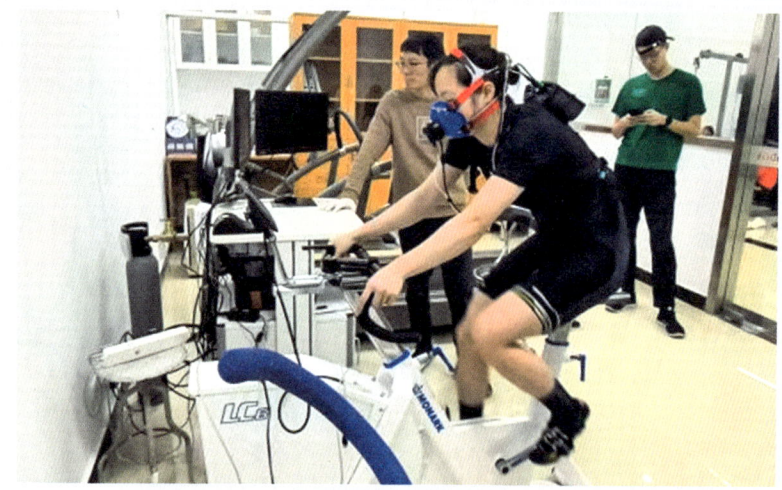

运动员在用便携式气体代谢分析仪测量运动中的能量消耗

消耗测量方法，例如加速度计，可测算物理能量消耗。再如能量代谢当量（梅脱值，MET）法，是以 MET 为不同的运动进行强度分级，将健康成年人坐位安静状态下耗氧量为 3.5 毫升/（千克·分）时的能量消耗速度定义为 1MET（相当于每千克体重每小时消耗 1.05 千卡能量），然后根据其他活动时的耗氧量推算出其相应的 MET 值。这个方法可以对 MET 值从 0.9（睡眠）到 23（以 22.5 千米/小时速度高速奔跑）的身体活动状态进行强度分级。这个方法使得运动能耗的计算变得很简单，例如我的体重是 75 千克，那么我在坐着看电视的时候，梅脱值为 1，每小时能量消耗就是 75 千克 ×1MET×1.05 千卡 =78.8 千卡；如果我在做家务，梅脱值为 4，每小时能量消耗就是 75 千克 ×4MET×1.05 千卡 =315 千卡；如果我在慢跑，梅脱值为 8，每小时能量消耗就是 75 千克 ×8MET×1.05 千卡 =630 千卡。这就是多数加速度计以及智能手机、运动手表推算能量消耗的原理。但是，用运动方式来定义运动强度显然不合理，

美国运动医学学院推荐的运动强度 MET 值

因此 MET 法的准确度不高。最后再介绍一种体力活动问卷法，是通过填写过去一段时间每天平均活动强度和活动时间来估算能量消耗，但填写结果的准确性受到填写者记忆的主观影响较大，且多数填写者对体力活动的理解也不精确，因此是最简便、但准确性最差的能量消耗测量法。总之，简易能量消耗计算方法是以牺牲准确性为代价来获得计算的简易性的。

不仅测定身体热量消耗值很难，想要准确计算每日能量的摄入量其实也困难重重。有人认为，现在很多食品包装上都印了单位重量的热量值，都是第三方检验机构测定的，而且不少饮食营养类书籍也在根据这些数据计算热量和推荐减肥食谱，应该是准确的，但实际上并非如此。有 2 大因素会影响能量摄入量的准确测定：①食物本身营养成分并不稳定。大多数食物来源于自然成长/生长的动植物，其营养成分比例受到生长周期、日照、雨水、土壤条件、施肥、加工工艺等许多因素的影响，所以并不稳定。市面上许多不同版本的食物成分表里面同样的食物营养成分会大相径庭，也是这个缘故；②食物中各种营养素的化学热能不等于人体最终能够消化吸收并纳为己用的能量。消化和吸收是一个非常复杂的过程，而且几乎不存在两个消化和吸收能力一模一样的人，两个同年龄、同性别、同身高体重的人，进食同样的食物，有可能一个长体重、另一个减体重，所以有的人会觉得自己"喝凉水都长肉"，有的人却会"吃多少都不长肉"，可见不同的人对食物的消化和吸收率差异很大。

不同人之间消化吸收能力差异很大

小知识

如何测定从食物中摄取的能量？

目前人们用于食物摄入能量计算的方法，来自1896年一位化学家阿特沃特的研究。为什么是一个化学家而不是营养学家做了这么一个研究呢？首先是因为在那个年代，连营养学这个学科都还没有出现，更不用提营养学家这个头衔，更主要的是，当时人们普遍认为"化学的热力学第一定律，即能量守恒定律不适用于人"，引起了这位化学家的质疑。为了证明人体热量的摄入与消耗也要遵守热力学第一定律，阿特沃特设计了一个实验，简单地说就是准备了6个配料尽可能一模一样的汉堡，把其中3个进行了充分地燃烧，测量燃烧产生的热量，做为"摄入热量"，另外还有3个汉堡则让一位受试者吃下去，等第二天、第三天收集受试者全部粪便和尿液，测定这些排泄物里没有被消化掉的有机物的热量，做为"未吸收热量"，用摄入热量减去未吸收热量，就是3个汉堡吃下去后被人体吸收的热量。阿特沃特最大的贡献，是分别分析出了碳水化合物、脂肪和蛋白质这三种能量营养素经过人体消化吸收后的热量值：1克碳水化合物在体外燃烧可以释放出4.1千卡热量，排泄物中残留的碳水化合物在体外燃烧可以释放出0.1千卡热量，则1克碳水化合物被人体吸收后，热量值为4.1-0.1=4.0千卡；同理算得1克脂肪被吸收后产热值为9千卡，1克蛋白质被吸收后热量值为4.0千卡，这就是沿用至今的、营养学上著名的阿特沃特能量系数。另外，根据以上数据，还可以计算出不同能量营养素的消化吸收率（见下表）。

不同能量营养素的消化吸收率及能值

单位：千焦/克（千卡/克）

每克营养素	食物能值 (体外燃烧)	消化吸收率 /%	生理能值 (体内氧化)
碳水化合物	17.16(4.10)	98	16.81(4.0)
脂肪	39.54(9.45)	95	37.56(9.0)
蛋白质	23.64(5.65)	92	16.74(4.0)

注：食物能值是食物彻底在体外燃烧时所释放的能量，为物理能量值；生理能值是食物被机体消化、吸收并利用的能量，为生理能量值。

第四章 单纯用控制饮食来减脂为什么难？

阿特沃特教授使用的能量代谢舱

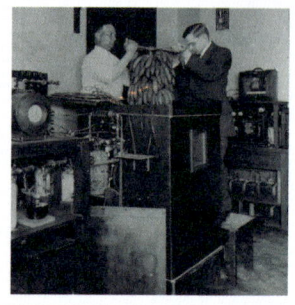

阿特沃特利用一个较小的热量计来测量香蕉的热量值（美国农业部国家农业图书馆特别收藏）

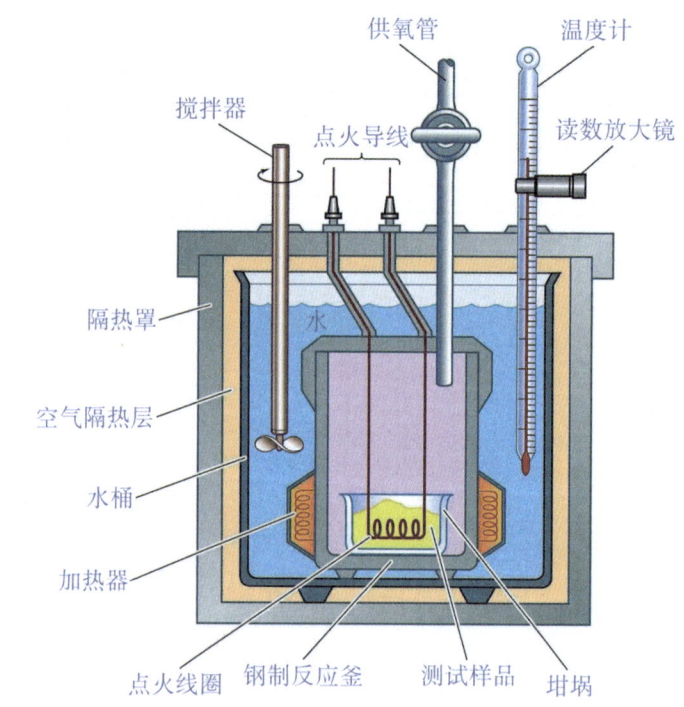

图为弹式热量计，把某种食物放在密闭的空间内燃烧，加热周围的水，通过计算使水温升高所需热量，就获得了食物的热量值

(Volek，2013)

1896年阿特沃特教授通过研究确定了阿特沃特能量系数,一百多年之后的今天,我们仍然在使用它,但与其他标准化参数或公式一样,阿特沃特能量系数是阿特沃特教授对一些受试者实验算出的结果取的平均值,这个平均值显然不能代表所有人的消化吸收效率,所以在用于对某个具体的人做分析时,就不够准确了。例如阿特沃特教授做的汉堡,给某个人吃,碳水化合物的吸收率是98%,换算出的热值是4.0千卡,但换一个人来吃,会得到同样的结果吗?大概率是不会,因为影响食物消化和吸收的因素太多,且大多数无法定量分析,常见的影响因素如下。

①膳食纤维的含量与种类:膳食纤维分可溶性和不可溶性两种形式,可溶性纤维在降低血液总胆固醇和低密度脂蛋白胆固醇方面比不可溶性纤维作用更强,不可溶性纤维主要是在促进肠道蠕动方面作用更强。因此每日从膳食中摄入5~10克可溶性纤维,就能够帮助降低血液胆固醇水平达25%。我们吃下去的食物中含多少粗粮、有多少蔬菜和水果,都会影响食物的消化吸收率。常见的可溶性纤维和不溶性纤维食物来源如右表所示。

富含可溶性纤维和不可溶性纤维的常见食物

可溶性纤维来源	不可溶性纤维来源
香蕉	大麦
大麦	甜菜
豆类和豆类蔬菜	紫甘蓝
胡萝卜	卷心菜
柑橘类水果	菜花
燕麦麸	水果和带皮蔬菜
燕麦	糙米
豌豆	芜菁
米糠	麦麸
草莓	小麦类谷物
甘薯	全麦面包

膳食纤维

能够为人类提供能量的淀粉是由右旋葡萄糖(D-Glu)组成的多糖,而膳食纤维是一种由左旋葡萄糖(L-Glu)组成的多糖,L-Glu是D-Glu的异构体,它们的分子结构一模一样,但空间形态不一样。人类和动物都只能吸收和利用D-Glu,所以人可以吸收利用淀粉,但不能够消化吸收膳食纤维。膳食纤维(尤其是可溶性纤维)在胃肠道内和淀粉等碳水化合物交织在一起,起到了物理阻挡效果,可延缓后者的消化和吸收;此外,一小部分膳食纤维可被肠道微生物分解产生L-Glu,由于跟D-Glu长得很像,会与D-Glu竞争消化与吸收通道,也能够减缓D-Glu的消化吸收,延缓血糖升高。另外膳食纤维在肠道内与胆固醇结合后,两者都不会被吸收,因此有益健康。

> 我是右旋糖，也就是通常大家说的葡萄糖，我来自餐桌上的主食。

> 我是左旋糖，也就是通常大家说的膳食纤维，我也来自餐桌上，呃，那些难消化的食物。

D-Glucose

L-Glucose

②食物生熟状态：通常来说，做熟的食物会比生的食物更容易消化吸收。有研究者用小白鼠做过这样一个实验，一组喂生甘薯，另一组喂熟甘薯，让它们无节制地吃 4 天，结果吃熟食的小白鼠比吃生食的小白鼠体重增加值平均多出来 5 克；然后又给小白鼠分别喂生牛肉和熟牛肉，吃熟牛肉的小白鼠比吃生牛肉的体重增加值也多出来 1 克。原因主要是由于食物加热之后，分子吸收了热能变得活跃，分子间的化学键被打开，许多淀粉分解为了低分子的糊精、双糖、单糖，蛋白质变成了小分子肽、氨基酸，更有利于消化吸收，身体不用花费太多能量来分解食物，而且生的食物里有细菌，免疫系统也需要参与进来工作，这也需要耗能。

吃熟食易消化而且安全卫生

③饥饿程度：美国农业部曾经做过实验，让人们吃同样分量的杏仁，吃饱的人摄取的能量可低至 129 千卡，饥饿的人摄取的能量可高达 170 千卡，吸收率差异达到了 30%。

④肠道微生物：科学家们发现我们的肠道微生物可以把一些我们无法消化吸收的纤维素，分解成我们可以吸收的乙酸、丙酸、丁酸，其中丙酸可以在肝脏内通过糖异生途径生成葡萄糖，乙酸可以直接进入三羧酸循环产能，丁酸可以参与氨基酸合成。也就是说，微生物帮我们完成了一道消化的过程，然后把能量给了我们，这个比例大概有多少呢？有研究报道，我们吃进去的食物最终转化的能量有 15%~25% 是肠道微生物贡献的，足以对计算食物消化吸收率产生明显的影响了。

⑤食物特殊动力效应：是指食物在消化吸收过程中人体需要消耗的能量，在前文中被我们有意忽略了，因为过去大家一直认为它占总能量消耗的比例较少。食物特殊

动力效应消耗的能量值主要受食物成分影响，碳水化合物和脂肪差不多都在 5% 左右，蛋白质则高达 30%~40%，差距甚大。尤其近十几年来，我国国民食物结构中高蛋白食物的比例大幅度提升，许多青少年甚至主要吃肉而很少吃主食，那么我们在计算消耗吸收率和能量代谢值的时候，就不能再忽视食物特殊动力效应了。

不同能量营养素的食物特殊动力效应

食物营养素	食物特殊动力效应（占成分总能量比值）
脂肪	4%~5%
碳水化合物	5%~6%
蛋白质	30%~40%
混合性食物营养素	约10%

总之，能量热力学原理始终在发挥作用：当摄入能量多于身体消耗的能量时，会导致脂肪增加；摄入能量少于身体消耗的能量时，会导致瘦体重和脂肪减少；摄入能量与身体消耗的能量相同，往往使体重稳定。但是人的能量摄入与消耗并不像汽车加油和耗油那么简单和线性，人体能量代谢与物质代谢调节具备多层次、自适应、多因素等特征，其复杂和精密程度即便用超级计算机也难以全部推演出来。因此尽管我们知道可以依照能量守恒定律来进行减脂，却无法按照"完美假设"来精准控制体重，这一节笔者用了很多笔墨来说明以现有的技术条件还无法准确测量和计算人体能量摄入与消耗，这是我们很难用单纯饮食控制的方法来成功减脂的主要原因之一。

第二节 不吃晚餐减肥法——汝今能持否？

许多读者看到本小节的标题可能会会心一笑（这个办法我有体会，因为我用过），然后嗤之以鼻（当然能坚持，因为确实有效）。那么这种做法对吗？减肥真的那么简单吗？如果只需要不吃晚餐就能有效减肥，研究人员就不必绞尽脑汁做研究了。因此本节主要探讨的问题就是：每天应该吃多少餐才合理。

不吃晚餐减肥法

"不吃晚餐减肥大法"确实是很容易被减肥者欣然认同的方法，因为理由逻辑很清晰——晚上人们身体活动少，不需要那么多热量，如果吃了晚餐，一定无法消耗，就会被存储起来变成脂肪，所以"过午不食"成了许多人减肥时的座右铭。人们之所以会这样分析问题，主要原因是不了解人体能量代谢的调节过程，把人体能量代谢简单地等同于"电池充电放电"了，这是产生以上错误逻辑的根本原因。人体能量储存与电池电量储存最本质的区别是"能量物质"的不同，一个电池只有一种化学能，而每个人都同时靠脂肪、蛋白质和糖原这3种物质储存能量。人体在饥饿状态下，会动用蛋白质（多数来自肌肉）来提供能量，尤其是糖原储备不足的情况下，比如长时间饥饿或持续长时间运动之后，肌肉的损耗甚至会超过脂肪的消耗，这使得靠饿肚子减肥变成了错误方法。健康减脂的目标应该是"尽量多地消耗脂肪，同时尽量少地消耗蛋白质"，要实现这一目标，并非只需要一味减少能量摄入或一味增加能量消耗，其他的都丢给人体去自动调节，而是必须研究清楚人体动用这几种能量物质的规律，然后依照生理规律去设计增加脂肪消耗、减少蛋白质消耗的方法。

小知识

"过午不食"的来历

这是起源于宋朝以前的佛教戒律，其用意是使僧人用这种方式减低男女爱欲之心、让肠胃得到适当休息、易入禅定，以及有更充裕的时间修行悟道；另外，也与古代的生产力水平低下、食物的获得殊为不易、许多寺庙不得不一日只进食1~2餐有关。进入宋朝以后，经济发展迅速，农业、手工业和商业都取得显著进步，生活水平和人均寿命也较以往朝代有所提高，但根据历史学学者程民生的考证，通过对1466例宋人死亡年龄样本的分析，得出宋人的平均死亡年龄也仅是56.7岁，那么宋朝以前吃不饱肚子的时期，人均寿命之低下就可想而知了。无论是宋朝以前还是宋朝时期，"过午不食"从来没有成为过社会主流养生观念，说明"过午不食"并非是古人为了健康长寿而总结出来的养生之道，纯粹是营养过剩的今人为了让负担过重的消化系统稍事休息而从故纸堆里找到的行为依据。

僧人们之所以"过午不食"，一是僧人的饭食由居士供养，每天只托一次钵，日中时吃一顿，可以减少居士的负担；二是过午不食，有助于修定。

过午不食源自佛教

人们产生饥饿感的主要原因是血糖下降，进而让人产生进餐行为，每次进餐之后，血糖通常都会急剧升高，在1小时左右达到峰值，同时引起胰岛素分泌增加，胰岛素会帮助葡萄糖进入各个组织和器官，因此进餐2~3小时后血糖会回落到餐前水平。依据这个血糖变化规律，假如我们在18:00吃晚餐，那么20:00~21:00，血糖就逐渐恢复到了正常水平，并且可以维持最多约7个小时的正常水平；到了3:00~4:00，血糖就会逐渐下降到全天最低点，此时我们通常在熟睡中，感觉不到饥饿，但身体

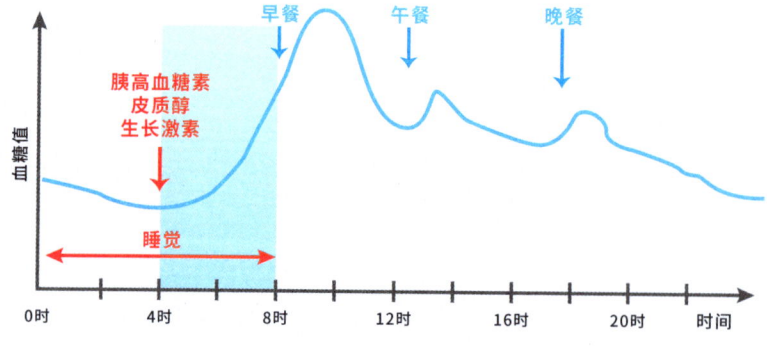

血糖在一天中的变化曲线

会感受到血糖降低的信号（对大脑来说，这是一个十分危险的信号），大脑会立即调动内分泌系统分泌胰高血糖素、皮质醇、生长激素等升血糖激素，这些激素会加强肌肉和脂肪的分解（具体原理详见前文"第二章 第三节"），为糖异生提供原料，生产出足够的葡萄糖来提高血糖水平。当我们 7:00 醒来的时候，我们的血糖水平正是从最低点逐渐升高的时候，也正是常人在一天当中皮质醇分泌达到最高峰值出现的时间（人体皮质醇分泌规律为：最高点为 6:00~8:00，最低点在 23:00 至次日 4:00，16:00~17:00 介于两者之间，男女无显著性差异），这也是为什么体检日通常要求不吃早餐，保持空腹状态去抽血的原因，此时能够测量到一个人最低的血糖和血脂水平，以及最高的皮质醇水平。这时候我们身体中许多肌肉已经"牺牲"在了维持血糖的过程中了，即便在正常进食晚餐的情况下，这个过程也会长达 3~4 个小时，如果"过午不食"呢？这个过程要长达 8~9 个小时，恐怕不仅是肌肉蛋白质会损失很多，而且一些重要脏器和组织的蛋白质也会损失，长期如此将使人变得瘦弱无力、患上肠胃疾病、免疫力下降、容易疲劳，还可能让人不自信、不想工作，只想休息。

说到这里，回头再看本小节的标题，读者应该反思自己曾经尝试过的那些"过午不食"方法给自己的健康带来了什么？几天、几周或几个月的短时间内可能是消化系统的轻松感更多一些，但如果坚持几年，恐怕得到的就是肌肉无力、精神不振、免疫力下降的体弱多病体质吧，那么请再想一想，过午不食，汝今能持否？

长期不吃晚餐很容易导致营养不良

第三节 不吃主食少吃肉减肥法——极低能量饮食

许多人在制订减肥计划时,把"管住嘴"错误地理解为大幅度减少饮食,甚至是不食,对于主食和肉食都谈之色变,拒之门外。其中一部分人因为急于求成,对热量限制过于严苛,将每日摄入热量限制在 1000 千卡以下,热量摄入达不到每日能量需求的一半,热量缺口太大,我们称之为"极低热量饮食"模式,这种热量水平如果不吃大量的代餐食物或高纤维蔬菜,往往饥饿感明显,因此也叫"饿肚子减肥法"。许多人用这种方法减肥,其后果是造就了大量"肌少症"患者,我们先来简单了解一下肌少症这种疾病。

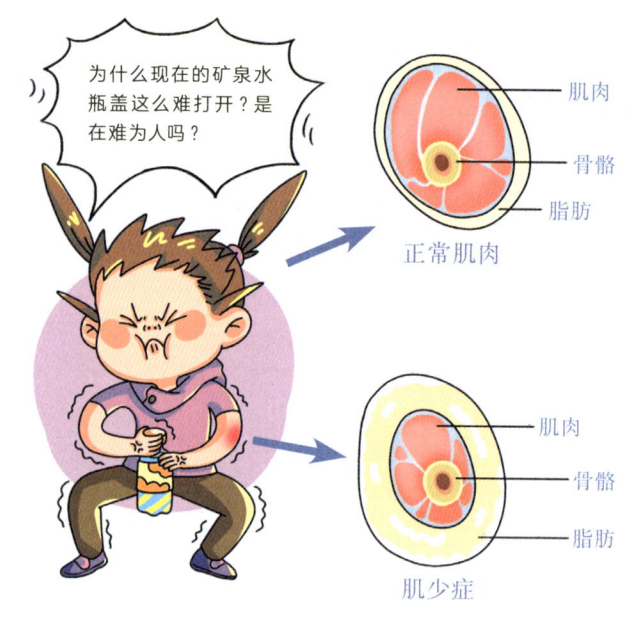

肌少症——一种外瘦内肥型肥胖

在诸多肥胖类型当中,有一种因隐蔽性强而很难被人们发现的肥胖分型,这类人群的体重、BMI 均在正常范围,甚至偏低,但身体脂肪比例超过 30% 以上,明明看起来苗条,但是实际上脂肪过剩,有人形象地称之为"外瘦内肥型"。仔细观察会发现,他们虽然体型外观不胖,但肌肉不饱满,身体组织看起来呈下垂状,工作或劳动中表现出明显的"无力感";通过体成分检测,可以发现身体内脂肪比例高于正常范围,而肌肉量低于正常范围,是一种肥胖合并肌肉减少症(简称肌少症)。这类人群不仅由于肌肉量过少而造成力量弱、体力差、行动迟缓、生活自理能力弱,而且由于身体脂肪比例过多,对身体的健康危害并不比外观体型肥胖者少,是危害最大的肥胖类型之一,尤其对老年人群的健康危害更大。患上肌少症的老年人由于下肢关节和脊柱缺乏肌肉的保护,加上体重过大和长期慢性炎症的侵蚀,所以这类老年人往往多发腰椎、骶髂关节、膝关节的劳损性伤病,也会因为下肢及核心区域力量不足而容易发生跌倒、骨折,给生命健康带来很大的危害，也大幅度影响生活质量和幸福指数。正常情况下肌少症主要见于老年人群，例如澳大利亚统计局 2002—2011 年人口推算数据显示，小于 70 岁的人群中，肌少症的发生率还不到 20%，到了 70~80 岁，发生率就已经达到了 30%，而超过 80 岁，这一情况更是达到了近 50%。老年人肌少症多发是由于骨骼肌的增龄性凋亡，也就是因衰老造成的肌细胞死亡，以及很少进行身体锻炼。人类从 35~40 岁开始，骨骼肌就开始凋亡，平均每十年减少 5%~8%，过了 70 岁以后会加速凋亡，有些缺乏锻炼的老年人，到了 80 岁后肌肉只有年轻时的一半，皮质醇分泌较多及胰岛素抵抗水平高的肥胖

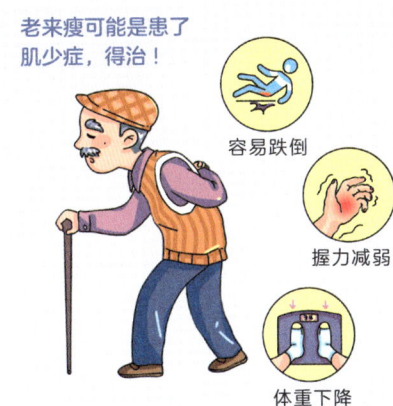

老年人生活自理能力下降和易摔倒的主要原因之一是患上了肌少症

人群肌肉凋亡得更快。需要引起人们警醒的是，除了老年人，现在越来越多的中青年人也开始患上了肥胖合并肌肉减少症，原因是长期过度节食，并且忍饥挨饿的意志"过于坚强"，这是他们始料不及的。从外表形态来看，这类人群无明显肥胖，甚至有些人还显得相当"瘦弱"，但如果用体成分测试设备进行测试，可发现许多人的身体脂肪比例超过 30%，同时肌肉量明显低于正常同龄人，因此在穿泳装的时候可见肩部、胸部、背部及臀部肌肉均很薄弱，或呈下垂状，表现出"瘦弱"体征。

为什么过度节食会导致肌少症？人们通常认为脂肪是人类储存能量的仓库，因此想当然地推断，在饥饿的情况下，身体就会利用储存的脂肪来提供能量，满足生存需要。然而这个观点不准确、不全面，**人类在饥饿状态下，并非只动用脂肪提供能量，而是连糖原与蛋白质也一起动用，并且优先动用后者，所以用饥饿减肥，往往会消耗大量的肌肉，以及容易导致低血糖**。糖原储存在肌肉和肝脏中，肌糖原主要在运动时被用于提供能量，但不

人在饥饿状态下肌肉会损失，所以长期过度节食（或营养不良）会导致肌少症

能补充血糖；肝糖原的主要功能是在血糖下降的时候加速分解，以补充血糖，但肝糖原储备十分有限，仅有约 150 克，在饥饿状态下，即便静坐无运动，也很快（不超过 9 个小时）就会消耗到不能再低的程度，肝糖原分解的速度便会降得很低很低，血糖因得不到补充而开始下降。此时机体感受到血糖降低，就会刺激胰高血糖素和皮质醇大量分泌，这是两种能够加速所有能量物质分解及氧化供能的激素，它们会强迫肝糖原分解加速，同时还会加速各非脂肪组织（主要是肌肉）的蛋白质分解为氨基酸，输送到肝脏，通过糖异生途径合成葡萄糖，以补充肝糖原；另外它们还促进脂肪的分解，把甘油三酯分解后产生的甘油送到肝脏，通过糖异生途径合成葡萄糖，同时肝脏把脂肪酸分解成酮体，部分替代葡萄糖以满足大脑对能量的需求。但由于酮体酸性太强（酮体由 3 种物质组成，其中合计占比超过 90% 的 β- 羟丁酸和乙酰乙酸都是强酸），血液中酮体浓度在机体生物酸碱调节机制下被控制在较低浓度以避免发生酸中毒，使得其供应速度受限，再加上酮体氧化供能的速度本来就远不及葡萄糖，所以人在饥饿的时候会因为能量供应缓慢而导致运动能力和思考能力下降，很难完成高强度的运动或

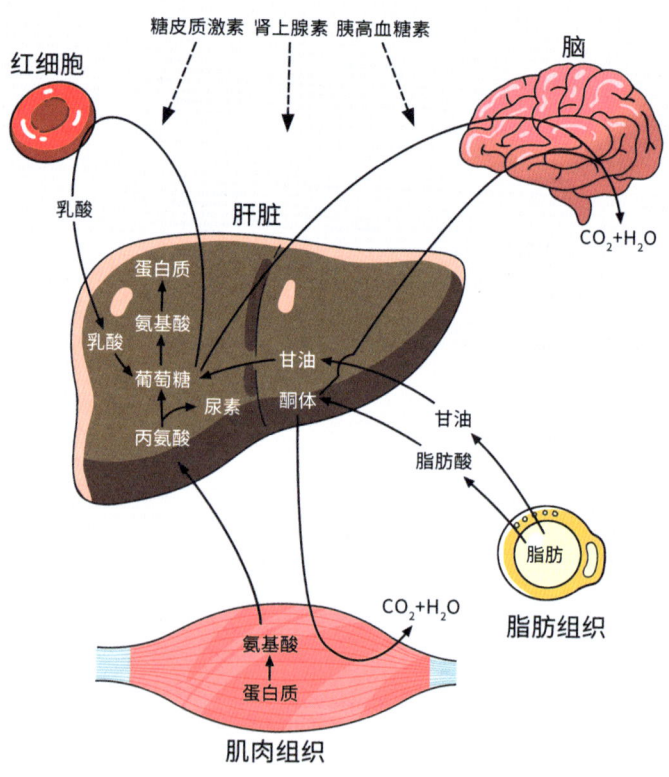

饥饿状态下人体内的能量代谢调节机制

脑力劳动（想想饿着肚子跑步时，无论怎么努力也跑不快，就是这个感觉）。如果在饥饿状态下，还要进行很多的身体活动或脑力工作，身体就会通过大量分解蛋白质来为葡萄糖合成提供原材料，以尽可能地保持血糖供给。蛋白质主要存在于各组织器官（如肌肉、肝脏、心脏）里面，它是器官发挥生理功能的主要物质，换句话来说，就是蛋白质含量多的器官功能强，蛋白质含量少的器官功能弱。肌肉里的蛋白质含量必须通过"运动＋高蛋白食物"才能提高，如果不运动，身体没有感受到增加肌肉量的神经内分泌刺激，就不会合成肌肉蛋白。例如我们每日吃再多的鲍鱼、海参、牛排、龙虾或是蛋白粉等高蛋白食物，身体也不会长肌肉。然而到了饥饿的时候，却是优先利用肌肉里的蛋白质来提供能量，同时脂肪却被当作"战略物资"，留到万不得已的时候来用。身体这一调节机制从生物进化角度来看，是最合理的饥饿解

肌肉易失不易得

决方案,因为肌肉是人体能耗最多的组织,但肌肉的损失不会危及生命,且能够降低人体对食物的需求,所以对经常食不果腹的人们来说,虽然损失了一些肌肉,但保住了性命,因此是合理的生存之道。然而对营养过剩的人们来说,靠极低热量饮食来减肥则是一种"杀敌一千自损八百"的办法,不仅要损失很多瘦体重,而且使机体处于对蛋白质和脂肪非常饥渴的状态,一旦恢复正常热能摄入水平,身体就会高效地吸收蛋白质及脂肪,从而使体重反弹,且增长的体重主要是脂肪和少量内脏组织的蛋白质。而损失掉的肌肉,如果不通过力量训练,是很难恢复的,到了老年阶段,肌少症的发生则会提早,对健康的危害会更严重。这就是许多人都有体会的"靠饿肚子减肥,却越减越肥或越减越虚弱"的原因。

　　提到饥饿减肥法这个话题,有必要介绍一下著名的"明尼苏达饥饿研究(The Minnesota Starvation Experiment)",将近 80 年前,在美国明尼苏达大学著名的营养学家安塞尔·凯斯(Ancel Keys)博士的主持下,有一群可敬的人,为了研究饥饿对人体的危害,自愿做受试者,忍受了长达半年的饥饿,获得了大量珍贵的研究数据。虽然当时研究的目的是给第二次世界大战之后众多的饥民救助提供研究依据,但无心插柳柳成荫,对于今天肥胖人群的减脂营养研究与实践应用,提供了很多可借鉴的经验。"明尼苏达饥饿研究"为我们揭示了过度节食减肥往往以失败告终的原因,**证明过度节食最大的弊病就是导致体成分恶化和神经内分泌失调,大多数情况下会导致衰老加速、体重快速反弹且变得"更肥"**,因此无论是否同时结合运动或药物等其他手段来减肥,都不应该对摄入热量控制得太严格。

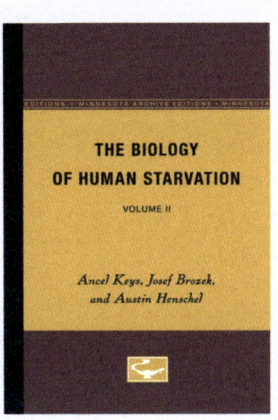

《人类饥饿的生物学》（The Biology of Human Starvation）是由美国科学家安塞尔·凯斯（Ancel Keys）博士编写的科学著作，该书自1950年出版以来，便成为饥饿研究领域的权威参考，并为饥荒救援、饮食失调治疗、肥胖管理等领域提供了科学依据。该书主要基于20世纪40年代由凯斯领导的明尼苏达饥饿实验，系统研究了长期食物剥夺对人类生理、心理和社会行为的影响。

（Ancel Keys 博士及其著作《人类饥饿的生物学》）

 小知识

明尼苏达饥饿研究简介

1944—1945 年，第二次世界大战已经接近尾声，盟军指挥部预计欧洲和亚洲都会出现因为战争造成的大批长期遭受饥饿折磨的百姓，急需科学指导来有效地帮助这些饥饿的人群。凯斯博士说服美国国防部进行了人类历史上第一次，也是唯一一次，同样也是影响最大的一次饥饿试验。该研究由凯斯博士本人亲自主持，他从 200 名公务员志愿者  中选中了 36 名健康男性志愿者，进行了为期近一年、包括三个阶段的研究。

阶段一（12 周）为基线对照期：在此期间收集了志愿者的生理和心理数据作为"初始值"，供实验中、后期测得的数据做比较研究，同时在这三个月里，凯斯博士让他们每个人每天吃两顿，一共摄入 3200 千卡热量，食谱是牛排、羊肉、蔬菜沙拉、冰淇淋等等。志愿者们的日常消耗就是学习＋工作＋家务＋大学活动，同时还要保证每周步行至少 35 千米的运动量（约每天 5 千米）。

阶段二（24 周）为饥饿实验期：每个人每天的热量摄入控制在 1500 千卡左右（比许多现代减肥者每日摄入的热量还要多一些），运动量则和阶段一一样。每天依然吃两顿，以土豆、卷心菜、通心粉和全麦面包为主，很少吃到肉和乳制品。这是模仿当时第二次世界大战期间欧洲平民的饮食结构——高碳水化合物、低蛋白质。到实验期结束时，志愿者体重平均下降了 25%，中间有 3 名志愿者退出了实验。

　　阶段三（8周）为恢复期：此期间志愿者的饮食量不受限制，可按自己的意愿摄入，同时详细记录他们摄入的食品。收集每一名志愿者的生理和心理数据，与阶段一的"初始值"进行比较研究，获得了以下结论：

　　①低热量饮食对人的生理影响巨大，如血液量减少10%，静态心率由试验前的平均55次/分降低到了35次/分，基础代谢率下降达40%，各项机能指标严重下降，尤其是激素紊乱、免疫力下降，整体表现就是骤然"变老"。另外，心理方面出现抑郁症和社交障碍（孤僻），以及对食物极度渴望（贪食症）或极度厌恶（厌食症）。

　　②停止限食后的13周，志愿者除了睡觉就是吃，很长一段时间里总是感觉饥肠辘辘，大吃狂吃的欲望很难克制，每个人每天的热量摄入平均高达5218千卡。

　　③停止限食15~20周以后，体重和饮食才有所恢复，最先恢复的全是脂肪，肌肉要很长一段时间以后才能恢复。

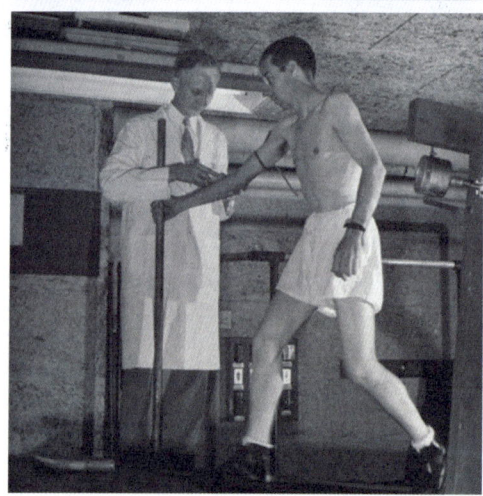
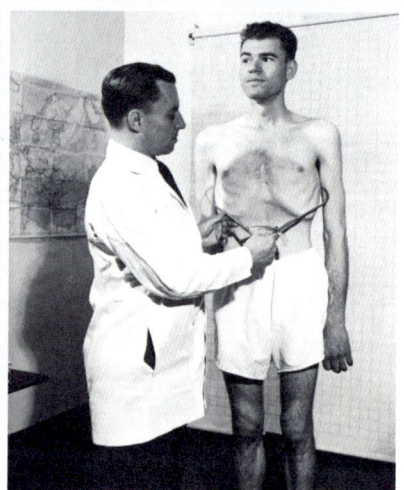

（《人类饥饿的生物学》，1950）

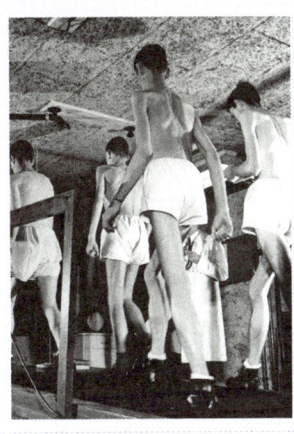
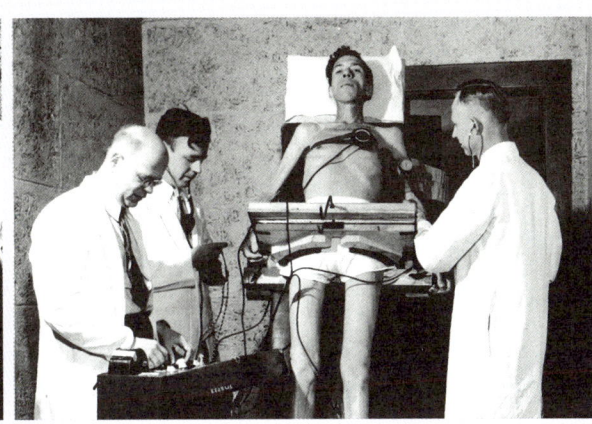

（《人类饥饿的生物学》，1950）

读了以上这些客观、不带感情色彩的"科学结论"，读者可能对实验志愿者到底经历过什么很难有真实的体会，因此摘录一些难以量化的症状记录如下：

在六个月低热量饮食期间，所有志愿者都陆续出现一些异常症状，包括肠胃不适、失眠、头晕、头疼、水肿、怕冷、掉头发、对光线和声音变化反应过激、视线模糊、持续耳鸣、手脚麻木、反应迟钝，警觉性降低，无法专注思考事情；从外表来看，志愿者们的眼睛因为供血量降低、眼白变得如同"崭新的白色瓷器"一样非正常的白，晚上看着很吓人，皮肤同样因为供血不足而变得苍白而粗糙，同时他们看着越来越像骷髅，瘦骨嶙峋，越来越怕冷，甚至在盛夏的三伏天，还要盖毯子，已经失去了对环境变化的基本感受力和判断力。

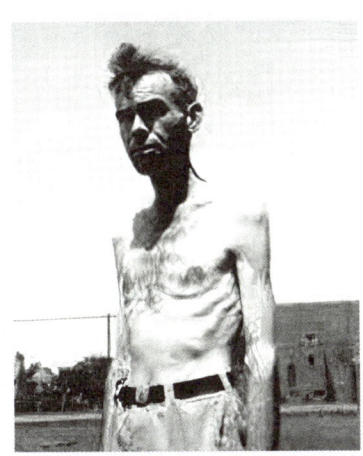
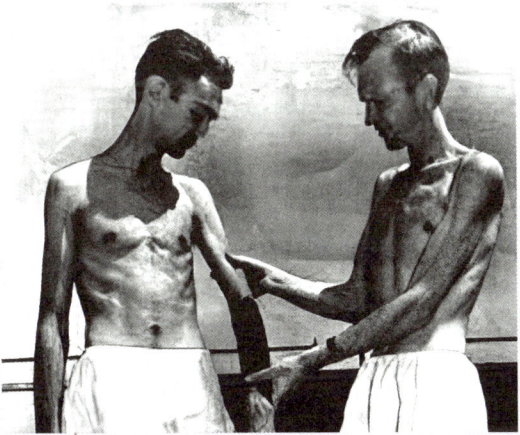

（《人类饥饿的生物学》，1950）

更恐怖的是，志愿者们的心理都遭受了极大的摧残。实验中的大多数人开始对食物产生了强迫性的关注。在餐桌上，他们彼此分开，为其他人养成的越来越奇怪的饮食习惯而烦恼；他们会像婴儿一样轻捏食物，或者像看待黄金一样照看它；有些人会舔干净的空盘子，想象在吃美味佳肴；有些人把土豆泡在水里，做成看似体积更大的土豆泥，然后含着，假装自己吃饱了。食物变成了人们唯一着迷的事物，许多人开始痴迷于收集菜谱和美食图片，有人会拿着一张食物的照片，一动不动地盯上2个小时，幻想自己可以疯狂进食；有人开始不断抽烟或是嚼口香糖，甚至一天要嚼多达40包口香糖；还有人从咖啡店偷来杯子，大口喝水以寻求饱腹。

在社交方面，志愿者变得不愿意与人交往，对社交和日常沟通毫无欲望，幽默感普遍消失，有些志愿者不再关注个人卫生，满脑子除了食物还是食物。他们不关心国家大事，不关心社会热点，看喜剧连笑都懒得笑。这些原本精力旺盛的年轻人甚至不再谈论性爱，对性失去兴趣，自慰、性幻想、性冲动频率降低。食物成了唯一话题。

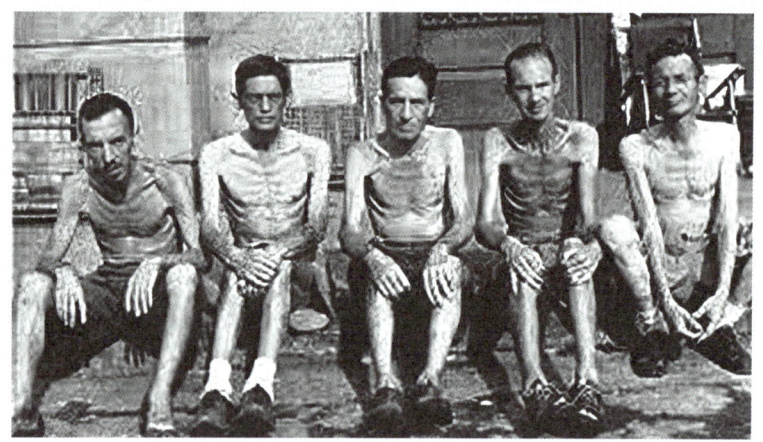

（《人类饥饿的生物学》，1950）

终于熬过了痛苦的试验期后，志愿者们进入了恢复期，得到的食物开始不断增加，而最可怕的事情，也在这个阶段彻底爆发了。志愿者们的身体开始缓慢恢复，精神却陷入癫狂状态，有超过50%的志愿者患上了高度的抑郁症。他们烦躁易怒，情绪波动严重，一时情绪高昂，突然又会心情跌到低谷，类似躁郁症。有人在砍柴的时候，砍掉了自己的三根手指；有人因为梦到自己吞食人肉，而偷偷溜出实验场所，跑到外面大吃冰淇淋，被发现时便想要自杀；还有人最终精神错乱，被送入医院，永远无法恢复。在放开了对食物的限制之后，志愿者们开始了无休止的进食，每天吃掉超过5000千卡食物的人不在少数，有些人甚至一天能吃掉10000千卡的食物，相当于20碗泡面。有的人甚至差点被撑死，拉到医院后紧急抢救，才保住一条命。

 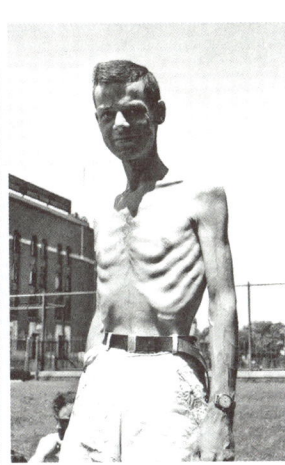

"明尼苏达饥饿研究"志愿者塞缪尔·莱格（Sam Legg）实验前和实验中的对比（饥饿试验过程中，食物压抑而带来的渴望越来越强烈，长期的性格压抑也造成了一些志愿者开始自残。志愿者塞缪尔·莱格在日记里写道："我从来没有觉得如此绝望过，我觉得只有离开这里才能解脱。10天前我用千斤顶把车顶起来，把手放在了轮胎下，然后松开千斤顶，他们把我送去了医院。"几天后，塞缪尔·莱格又用斧头砍断了自己的三根手指，后来他解释说："我承认自己当时很疯狂。"）。

（《人类饥饿的生物学》，1950）

"明尼苏达饥饿研究"实验结束以后，逐渐恢复正常的志愿者
（《人类饥饿的生物学》，1950）

在实验结束大半年之后，志愿者们才总算恢复到正常的饮食和心理状态，这时，他们的体重没变，可脂肪含量却增加了40%，节食期间损失的肌肉则恢复得很少（见下图），说明靠饿肚子减肥不可行。

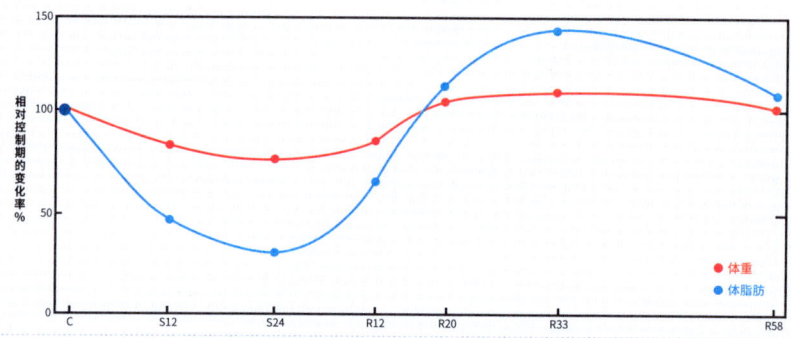

"明尼苏达饥饿研究"志愿者们的体重与体脂变化图
注：C 代表控制期；S 代表节食期；R 代表恢复期；数字代表周，如 S12 表示节食期第 12 周。
(Keys et al, 1950)

图中显示，在恢复饮食后，志愿者恢复的体重大多是脂肪，这就是"靠节食减肥却越减越肥"的真相。

小知识

为什么饿肚子减肥容易反弹？

"明尼苏达饥饿研究"试验结束 8 个月之后，大多数志愿者反馈说自己饮食基本已经恢复正常了，但是还有一些人依然处于暴食中，直到几年后才停止。有一位志愿者说，自己每天"要吃比试验前多 25% 热量的食物，如果吃不够就会饿"。一开始人们认为这是心理问题，是由于长期饥饿造成对食物的心理渴望过于强烈，但科研人员认为心理作用的影响不应该如此强，一定有神经内分泌的改变引起了食欲的亢进，因此澳大利亚 Sumithran 研究团队在 2011 年做了一个实验，研究为什么节食后很长时间，人还会有暴饮暴食的欲望。该研究招募了一批平均体重 94.05 千克的受试者，参加了为期 10 周的极低能量（每天 500~550 千卡）饮食干预，受试者平均减重约 14%（13.05 千克）。研究前后测试了受试者血液当中与饥饿和食欲有关的激素水平，结果发现有两个激素发生了变化：第一个是瘦素，它的作用是刺激"饱中枢"产生饱感，10 周干预后，它的含量下降了约 67%，导致食欲增加。令人吃惊的是，干预一年后，它的水平仍然比研究开始时低 33%。随着受试者体重的增加，瘦素水平才会慢慢地增加。第二个是生长素（ghrelin），它的作用是刺激饥饿感。10 周干预后它的水平立即上升，干预一年后，它的水平还是高于干预前。刺激饥饿和食欲的激素水平都有了明显的提高，节食后的"强烈饥饿感"得到了解释。有学者（Mrosovsky 和 Powley, 1977）因而提出体重设定点（set-point）理论，即一旦体重或体内脂肪低于原来的水平,刺激饥饿与食欲的激素就会马上升高,以提醒身体多摄入食物来帮体重或脂肪回到原来的水平。

笔者在2013年也对适当限制热量(女性平均1600千卡,男性平均1800千卡)的轻度节食结合低强度有氧运动与抗阻力量运动2种运动方式4周对肥胖青年血液瘦素、脂联素、抵抗素、胰岛素抵抗等指标的影响进行了研究,在4周的实验干预期结束之后,还安排了4周恢复期(detraining),在恢复期要求受试者回到以前的饮食和运动习惯,对比受试者们干预前、后及恢复期后的内分泌指标,结果如下图。

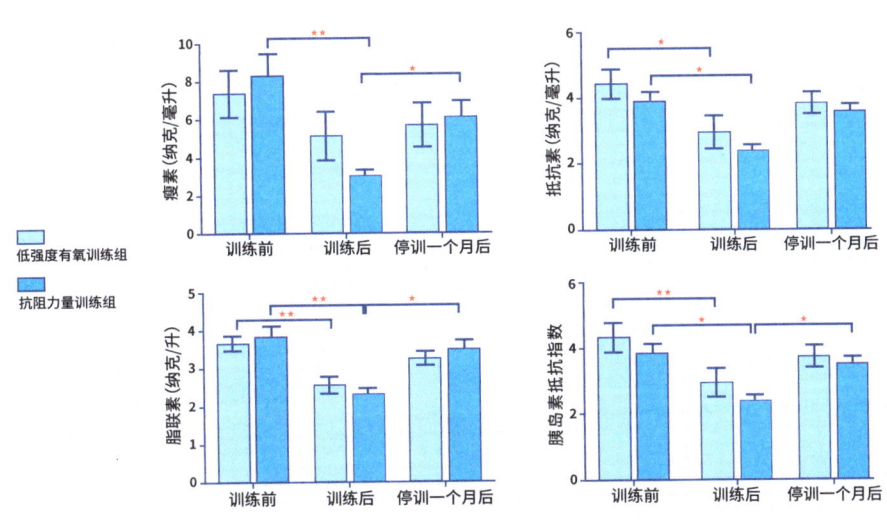

4周轻度节食结合低强度有氧训练或抗阻力量训练对肥胖青年瘦素等的影响

结果显示:① 4周"运动+饮食干预"结束后,低强度有氧运动组(简称有氧组)受试者体重平均下降8.6%(8.1千克),体脂重量平均下降19.8%,肌肉平均损失2.3%;抗阻力量运动组(简称力量组)受试者体重平均下降7.8%(6.9千克),体脂重量平均下降18.9%,肌肉平均损失1.8%;4周恢复期结束后,有氧组和力量组体重不仅没有反弹,还分别下降了-0.19%和-0.15%,而肌肉则分别恢复了0.75%和1.5%;② 4周实验期结束后,有氧组血清瘦素下降约25%,力量组瘦素下降则达到了62%,两组脂联素下降幅度均约30%,抵抗素和胰岛素抵抗下降幅度也均为25%~30%。而4周恢复期结束后,以上指标均恢复到了接近实验前的水平。因此受试者在恢复期并没有出现明显的"饥饿感",也没有其他不适感,力量、耐力等体质水平明显升高,内分泌变化也很快恢复正常。

通过对比以上研究,表明轻度节食结合合理的运动,只需要短期就可以达到长期极度低热量节食能够达到的减重效果,不仅时间短,且以减脂为主,肌肉损失很少,而恢复正常饮食之后肌肉恢复快,这是跟单纯节食减肥效果有本质区别的地方。更重要的是,受试者的力量、耐力、反应等身体素质均明显提高,脂肪没有反弹,健康表现非常好,事实证明,只有合理运动加适当饮食控制,才是安全、快速、健康减脂的最佳选择。

近些年来,社会上有一些商家利用消费者的错误认知和急于减肥的心理需求,臆造出了许多种所谓的"科学理论",包装出来一些"神奇案例",勾兑出了五花八门的减肥产品,如针灸减肥、汗蒸减肥、各种腹泻法和呕吐法、辟谷、各种排油药物或方法等。这些减肥方法在形式上多种多样,但在饮食要求上基本是一样的,都是用各种极低能量的天然食材如生菜、黄瓜、魔芋或其他富含膳食纤维的加工食品等作为主要食物来"欺骗"肠胃和大脑,以减轻饥饿感和降低进食欲望,有些还会对产品中的某些"特殊成分"进行特别包装和编造"效果神奇的故事",满足消费者对"高科技"的心理需求。以上这些减肥方法无论其内容有多丰富,心理暗示效果有多强烈,但万变不离其宗,其实质都是"极低能量饮食",说白了就是靠"饿肚子"来减肥。令人遗憾的是,大多数消费者对此其实并非"毫不知情",有些人甚至是"心知肚明",之所以选择盲从,直接原因是对能够快速减肥的渴望过于强烈,根本原因则是对肥胖和减脂的正确知识知之甚少。所以,我们应该加强科学知识的科普宣传,让人们知道"减肥无捷径"是客观规律,不以人的意志为转移,减肥路上只有"科学运动+营养"才能帮助我们实现"弯道超车"。

各种五花八门的减肥方法实质都是"饿肚子"

注:笔者认为针灸、代餐类食品、甚至断食等方法在减脂中是可以起到一定的辅助作用的,可以间歇、少量使用,但不能夸大其作用,更不能长期、持续使用。

第四节 不吃主食多吃肉减肥法——生酮饮食科学吗？

早在 2500 年前，古希腊神医希波克拉底（Hippocrates，公元前 460—公元前 377，被尊称为"医学之父"）就经常用饥饿疗法来治疗癫痫，其原理是饥饿时身体以脂肪分解产生的酮体为大脑提供能量，可降低大脑皮层兴奋性（酮体是一种低效"燃料"，氧化供能的速度只有葡萄糖的一半）。1921 年，美国的 Wilder 医生首先提出可以用一种高脂肪、低碳水化合物的"生酮饮食"来模拟饥饿的代谢效果，好处是病人不用饿肚子，推广之后，医生们发现其对 50%~80% 的难治性癫痫儿童有效，30% 的患者可减少 90% 的发作，10%~20% 的患者可完全控制发作，其疗效甚至略优于当时任何一种新型抗癫痫药，因此一直被作为癫痫症的常规治疗手段之一。所以，生酮饮食并非新生事物，人们应用它的历史至少已经超过 100 年了，对这种饮食模式的营养学特征和健康风险进行过充分的评估。2021 年 9 月，美国责任医师协会、纽约大学、宾夕法尼亚大学、乔治华盛顿大学和纽约贝尔维尤医院的研究人员总结了多年来的研究结果，权衡生酮饮食与慢性病的利弊关系，进行了全面评估，发布了一个权威共识，认为**对大多数人来说，生酮饮食的风险大于益处**。具体来说，除非是儿童癫痫患者以治疗为目的而采用，否则大多数人都不应该长期使用生酮饮食；由于生酮饮食是以脂肪取代葡萄糖作为能量主要来源的疗法，故凡是患有脂肪酸转运和氧化障碍的疾病均是禁忌症，如患有高脂血症、动脉粥样硬化、冠心病、糖尿病等慢性疾病，以及肝、肾功能异常和营养不良人群。

那么对于代谢功能正常、健康水平相对较好的中青年人来说，短期使用生酮饮食是否能够帮助减脂呢？有些人试用过之后，认为它减脂效果非常显著，于是有研究者很快总结了一些生酮饮食的优点，包括：可以降低血液胰岛素水平，减轻胰岛负担，减少自由基的产生，降低慢性炎症水平，起到防治糖尿病，甚至防治阿尔茨海默病等的作用。并因此著书立说、广泛宣传推广生酮饮食。但是，他们刻意忽略了生酮饮食可能带来的一系列副作用，尤其是在刚刚开始使用生酮饮食的初期，由于机体尚未适应以酮体为主要燃料，期间可能会出现恶心、呕吐、低血糖、酸中毒、困倦、脱水、拒食等症状，这是因为有些人肝脏糖异生能力不足、血糖维持困难，或大脑利用酮体的能力较差，以及血液酮体水平过高、引起酸中毒等。有些人即使度过了适应期，但长期使用生酮饮食，仍然可能出现肾结石、便秘、生长障碍（儿童）、骨代谢异常、高脂血症、非酒精性脂肪性肝病、血管粥样硬化及其他心脑血管疾病等副作用。另外，有些生酮饮食模式的反对者认为，长期碳水化合物摄入过少可能影响寿命。根据《柳叶刀》杂志 2018 年发表的一篇研究报道，通过对美国 4 个社区 15428 名中老年人

口臭

症状性低血糖

失眠

不吃主食 不靠谱

呕吐

便秘

肾结石

生酮饮食的副作用多

（45~64 岁）进行了 25 年（1987—2013）的跟踪随访，绘制出了碳水化合物摄入量与全因死亡率的关系图，发现碳水化合物供能比例过低或过高都会带来全因死亡率的升高，供能比例 50%~55% 的人群全因死亡率最低，而碳水化合物不足比碳水化合物摄入过多对寿命的不利影响更大。这一研究表明，<u>长期采用生酮饮食可能导致寿命缩短</u>。

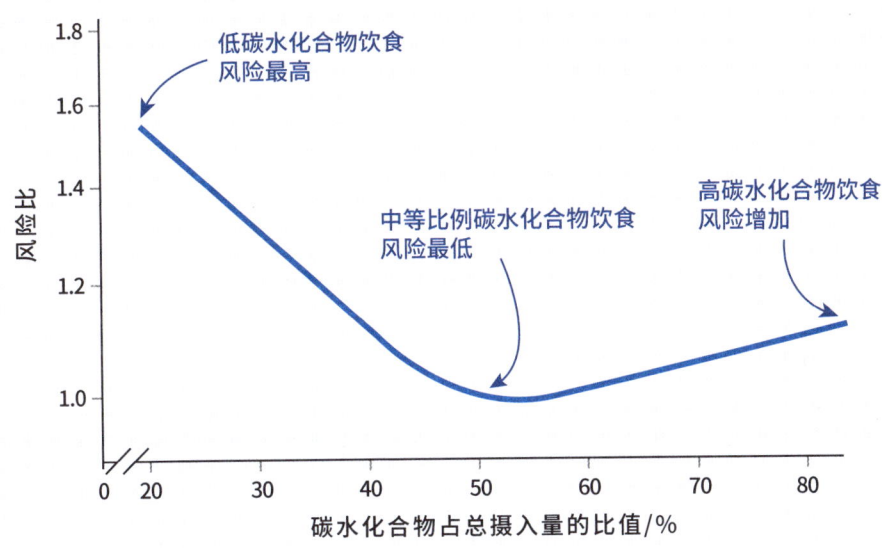

不同比例碳水化合物饮食与死亡风险的研究

注：饮食中碳水化合物的比例对死亡风险有影响，低碳水化合物饮食死亡风险相对最高。

总之，对于生酮饮食，人们的争议很大，甚至激烈到了相互攻击的程度，例如倡导生酮饮食者提出了"碳水化合物阴谋论"，认为现在的膳食指南是"白糖资本"编造出来的伪科学，为了诱惑人们长期大量食用高糖食物而"妖魔化"了高脂膳食；而反对生酮饮食者则批评倡导生酮饮食者编造阴谋论完全是为了牟取商业利益，宣传生酮饮食产业链（据《生酮饮食疗法市场分析报告》显示，2014—2018年，全球生酮饮食疗法市场年复合增长率迅猛增长，达到了18.39%左右，中国市场增速也有16.49%，2018年销售额达到了7480万美元，约合人民币4.9亿元）。本书并不打算站队支持某一方，基于科学的观点，笔者认为双方的理由都有合理成分，由于不同的人能量代谢与物质代谢能力有较大的差异，有些人能够适应长期使用生酮饮食，有些人可以短期使用而不能长期坚持，还有些人连短期也无法适应，因此是否适用生酮饮食要因人而异。由于在工作中笔者也曾经多次被问及过关于生酮饮食的问题，说明大家对其关注度非常高，但真正全面了解它的人很少，因此有必要详细讨论一下这种饮食模式，帮助有使用需求者提取其合理内核，剔除其糟粕。

首先我们来看看生酮饮食的结构特征：碳水化合物含量非常低、蛋白质含量适中、脂肪含量高，三大热能营养素的供能比例大致为碳水化合物：蛋白质：脂肪=5%~10%：15%~20%：75%。对比一下多数营养学家推荐的平衡膳食供能比例，即碳水化合物：蛋白质：脂肪=50%~60%：15%~20%：20%~30%，可以看出生酮饮食属于一类营养结构较极端的饮食模式，把原本占多数的碳水化合物用脂肪来替代，将脂肪供能比例提高到75%左右，碳水化合物的供能比例减少到10%、甚至5%以下，换算成主食摄入量，每天不超过150克。体现在膳食制作方面，生酮饮食会用大量油脂代替主食，例如用一份放很多色拉油或橄榄油的蔬菜沙拉来替代一碗米饭，同时肉与平常吃的量相当，并不是提倡大量吃肉，因此其关键特征是"低糖高脂"。之所以强调这一点，是因为许多人在跟风使用生酮饮食时，并不清楚其设计原理和要求，以为只要多吃肉少吃主食就是生酮饮食，这是错误的，如果每天都吃过多的蛋白质，会

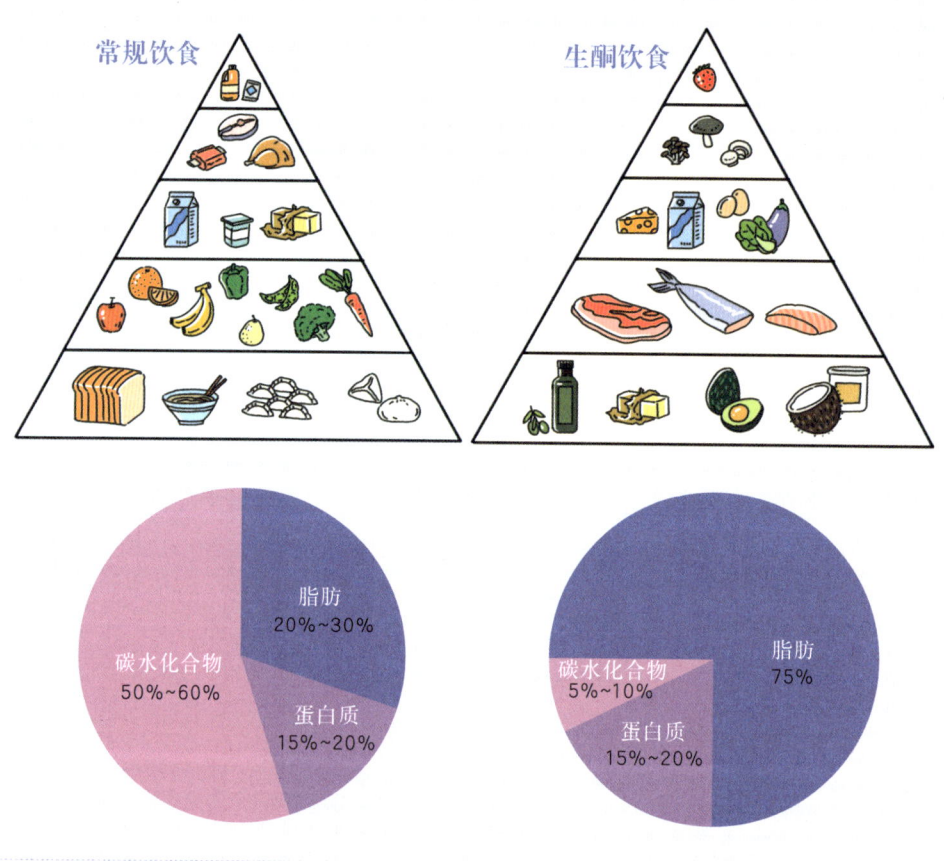

生酮饮食并不增加"吃肉量"，而是增加"吃油量"

大大加重肝肾的氮代谢负担，另外，血液中氨基酸水平升高也可刺激胰岛素分泌，从而导致低血糖反应，以及促使脂肪吸收与储存，而且过多的蛋白质提供能量会抑制脂肪的分解，达不到减脂作用，还影响生酮和酮氧化，很多人用了这样的"生酮饮食"却并不见效，其原因就是误以为大鱼大肉就是生酮饮食。

其次来看看生酮饮食是如何改变人体基本能量代谢模式的。大多数人日常饮食中都有较高比例的碳水化合物，因此养成了"以糖为主的能量代谢模式（carb-based metabolism）"，形成了始终把血液中葡萄糖维持在一定水平的生理机制：当血糖过高时，身体分泌胰岛素，促进葡萄糖进入组织细胞从而降低血糖；当血糖过低时，身体分泌胰高血糖素，加速肝糖原分解和增强糖异生作用，分泌皮质醇和肾上腺素加速肌肉蛋白质分解为氨基酸，加速脂肪动员并分解为甘油和脂肪酸，氨基酸和甘油进入糖异生机制被转化为葡萄糖，释放入血液以提高血糖；另外，中枢神经感受到血糖下降，会产生饥饿感，促使人进食，当血糖回升，则会产生饱腹感，停止进食。这样就以"血糖稳定"为目标，形成了一个完整的神经内分泌调节机制。可以说，人体能

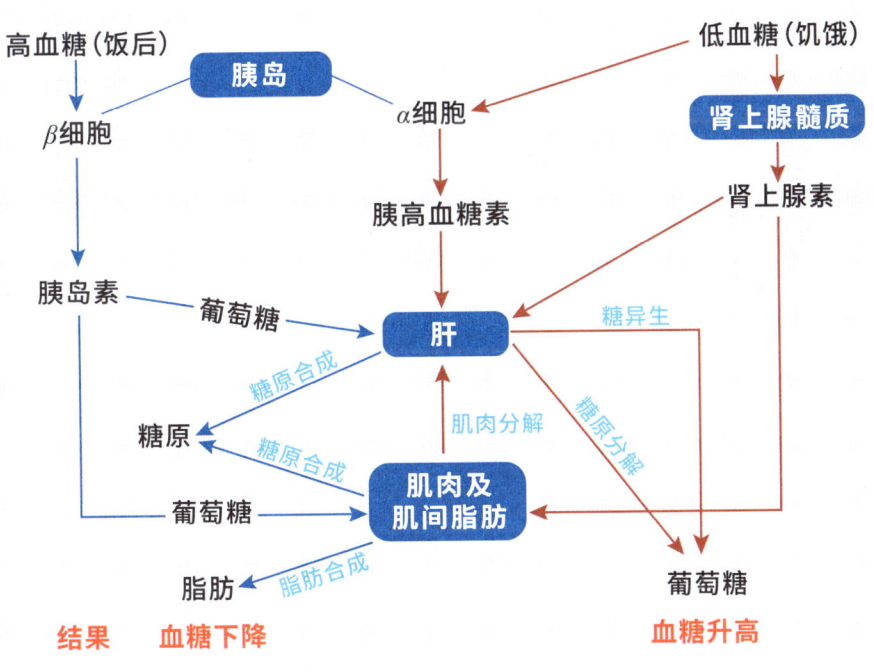

血糖的激素调节

注：大多数人的能量代谢模式是围绕"血糖稳定"这一目标形成的生理调节机制。

量代谢基本是围绕着体内糖的吸收、代谢和储存形成的一个完整的调节机制闭环，而脂肪和蛋白质的吸收、代谢和储存则是作为糖代谢调节的辅助与补充，帮助身体维持血糖的稳定。而生酮饮食，则是通过大幅度减少碳水化合物类食物，强行打断以上调节机制，同时大幅度提高脂肪摄入量，让身体不得不改为以脂肪供能为主的代谢模式，我们可以称之为"脂代谢模式（fat-based metabolism）"。这样改变之后，又如

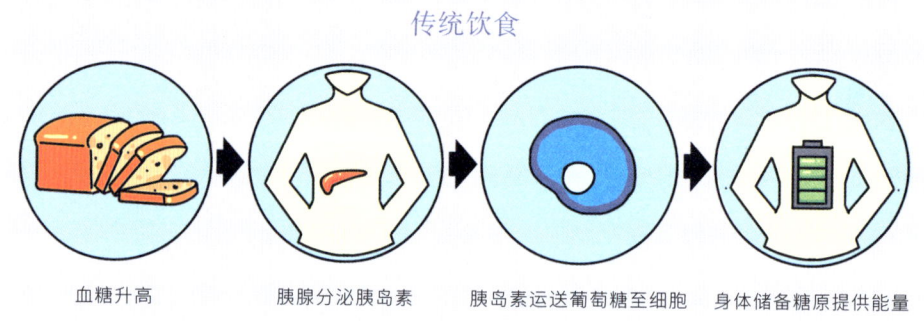

传统饮食

血糖升高　　胰腺分泌胰岛素　　胰岛素运送葡萄糖至细胞　　身体储备糖原提供能量

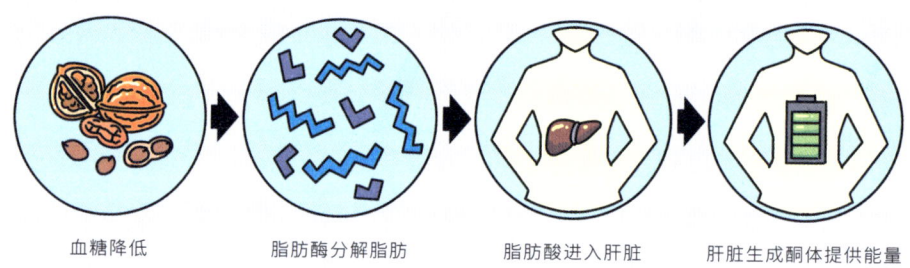

生酮饮食

血糖降低　　脂肪酶分解脂肪　　脂肪酸进入肝脏　　肝脏生成酮体提供能量

生酮饮食使人体"糖代谢模式"转换为"脂代谢模式"示意图

何能够帮助我们减肥呢？人体会按照这个逻辑，改变这么重要的"代谢模式"吗？我们用一个真实的研究案例来说明。美国康涅狄格大学的运动营养学家 Volek 教授通过给超长距离跑步项目运动员使用生酮饮食，帮助他们提高了运动成绩，来证明用生酮饮食可以改变人体的能量代谢模式。在许多欧洲、北美洲人热衷的超长距离比赛（如 100 千米、100 英里极限跑步比赛）中，脂肪供能比例要占整个比赛能量消耗的 90%

以上，因此运动员的脂肪供能能力是影响比赛结果的决定性因素。康涅狄格大学的教练员设计了很多种训练方法来提高运动员的脂肪供能能力，收效都不明显，即便训练得再艰苦，脂肪氧化速度却连提高 10% 都很困难，于是求助于营养学家。Volek 教授把生酮饮食推荐给了他们，并在 2 名原本在美国成绩排名长期徘徊于第 10~20 位的长跑运动员身上做了个试验，让他们吃了一个月生酮饮食，然后测定了他们的脂肪氧化速度，发现他们俩的最大脂肪氧化速度达到了惊人的 1.4 克 / 分，而其他优秀长距离跑选手平均才 0.4~0.5 克 / 分。仅仅只是改变了一下饮食模式，一个月的时间就

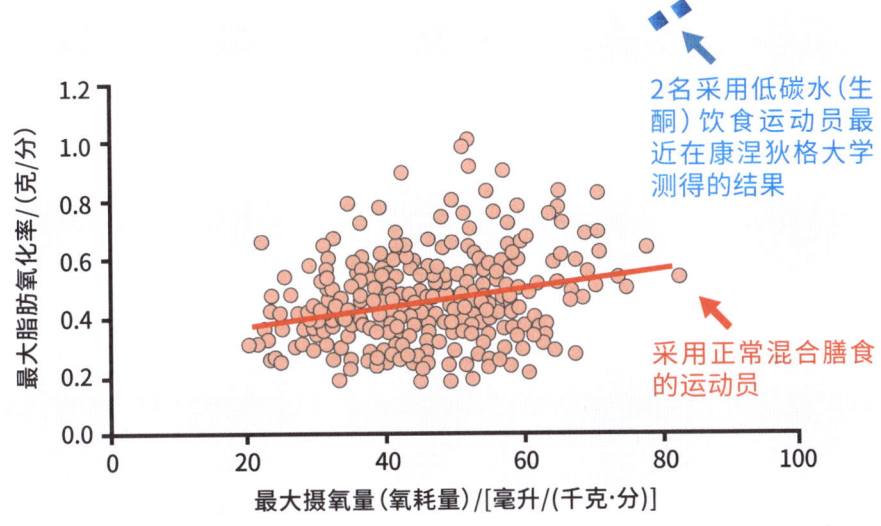

2 名长跑运动员吃生酮饮食 1 个月后
最大脂肪氧化速度提高 3 倍

使运动员的脂肪氧化供能能力提高了近 3 倍，这样巨大的改变会影响成绩吗？不久之后，其中一位名叫 Olsen 的运动员在一项极限挑战赛中，以 24 小时跑完 172.5 英里（约合 277.6 千米）的成绩夺冠，随后 2 人又在 3 站美国超长距离比赛中包揽冠亚军，成绩排名很快跻身全美前 3 名。Volek 教授认为，生酮饮食能够让运动员在短期内改变主要的能量代谢模式，主要原理是通过切断葡萄糖供应，强行降低了胰岛素水平，提高了升糖激素水平，刺激脂肪动员、转运和氧化过程中各种调节能力的提升，提高了细胞线粒体内与脂肪氧化有关的酶活性和酶数量，从而提高了脂肪氧化速度。这对于提高超长距离比赛项目的成绩是有利的，对长时间野外作业的士兵也有意义，而对需要减肥的人来说，则有助于提高人们安静状态下脂肪燃烧的速度，将体内储存的脂肪快速燃烧掉。另外，Volek 教授认为以脂肪为主要燃料提供能量还可给身体带来许多

益处，例如使体内抗氧化基因上调，清除自由基的能力提升，同时因为脂肪氧化的化学反应没有糖氧化时那么激烈，可以减少活性氧生成，改善慢性炎症，从而防治动脉粥样硬化和降低肿瘤的发生率。

这些职业人群适合"生酮饮食"

当然，并非所有人都适合使用生酮饮食，所以最后来讨论一下生酮饮食使用的条件，必须至少满足以下几点要求，才能较好地适应生酮饮食并顺利形成脂代谢模式：

①肝脏的胆汁合成功能良好，能够合成足够多的胆汁用于消化和吸收食物脂肪。如何知道自己胆汁合成能力够不够？一个简单的办法就是看进食高脂食物后是否有恶心等不适感，或者是否天生就不喜欢高油脂食物（不是出于健康原因），如果是，那么大概率是属于胆汁合成能力不足的体质。另外，由于胆固醇是合成胆汁的原材料，所以胆汁合成增加难免会导致血液总胆固醇水平的升高，如果先天低密度脂蛋白胆固

醇水平就偏高，或者高密度脂蛋白的合成能力不足，使用生酮饮食会导致或加重高胆固醇血症。因此，胆汁合成能力不足和有原发性高胆固醇血症的人，不适合使用生酮饮食；

②酮体氧化能力强，尤其是大脑组织摄取和利用酮体的能力要足够好。在生酮饮食模式下，肝脏分解脂肪酸产生酮体，经血液运送到全身，在经过中枢神经系统时，利用单羧酸转运蛋白（MCT）穿过血脑屏障，被大脑神经细胞摄取来生产能量，以满足思考等神经活动的能量需求。人类在婴幼儿期，大脑产生酮体代谢酶和转运蛋白MCT的能力较成人强，脑组织从血液中摄取和利用酮体的效率是成年人的3~4倍，因此临床研究显示年龄越小生酮饮食治疗癫痫的效果越佳。但成年以后，尤其是在多年"碳水化合物丰富"的生活环境影响下，大脑转运和利用酮体的能力已大幅下降，有些人的大脑糖代谢模式非常"顽固"，很难摄取和利用酮体产生足够的能量，表现为采用生酮饮食后容易疲劳、嗜睡、记忆力下降、逻辑推理和计算能力下降等，难以承担较高强度的脑力活动工作，那么这样的人，尤其是年龄大的人，不适合使用生酮饮食；

③非脑力劳动者。脂肪氧化合成ATP的速度[1.4mmol ATP/（kg·s）]只有糖氧化的1/4~1/2[2.7~5.2mmol ATP/（kg·s）]，所以使用生酮饮食会导致大脑思考能力下降，因此从事高强度计算、分析、决策工作的人不适合使用生酮饮食；

④肝脏功能正常，且糖脂代谢能力良好。使用生酮饮食后，肝脏细胞既要大幅度提高合成胆汁的数量，又要增加合成脂蛋白的速度来提高血液中脂肪转运的能力，还要提高分解脂肪酸产生酮体的速度，以及加快糖异生合成葡萄糖的速度，可以说即便是健康的肝脏也要"竭尽全力"才能同时干好这么多工作，所以对于患有脂肪肝、乙型肝炎等慢性肝病以及因其他疾病或药物造成肝脏功能下降的肥胖者，都不适宜采用生酮饮食；

⑤酸碱平衡调节能力要良好。使用生酮饮食期间，体内有大量酸性的酮体生成，使得血液和组织液"酸化"。对于使用生酮饮食的人来说，需要保持肺脏和肾脏的功能良好，如果有呼吸功能或肾脏功能障碍，难以发挥酸碱平衡调节作用，就不适合使用生酮饮食了。总之，能够短期使用生酮饮食者至少要有良好的肝功能、呼吸功能和肾功能，要想长期使用，不仅肝功能要很好，大脑利用酮体的能力也要很好。不满足这些条件的人，就不宜使用生酮饮食了。

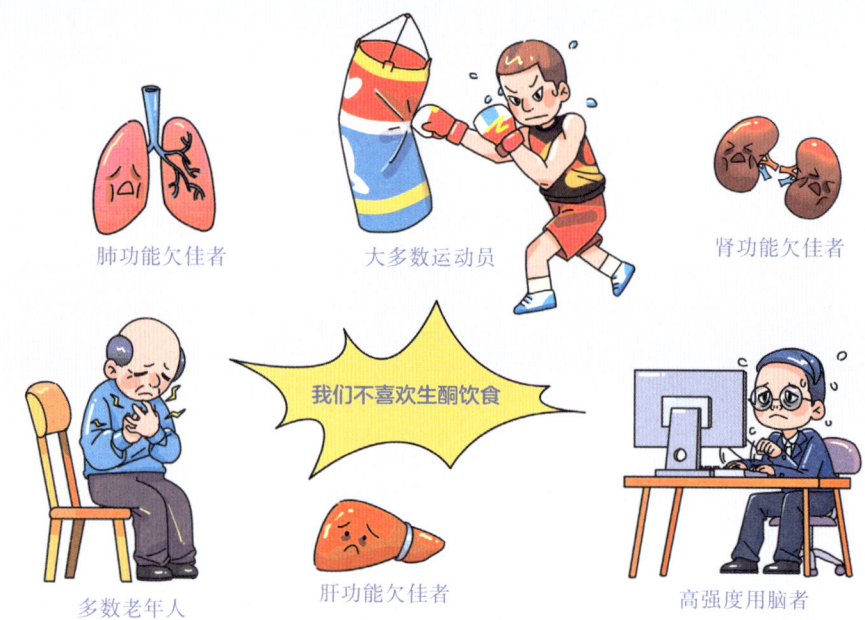

这些人群不适合"生酮饮食"

酸碱平衡调节

人类是"恒温、恒酸碱"动物，人体内环境对各类酸中毒、碱中毒非常敏感，是因为人体内大部分的功能性蛋白质（如血液里的白蛋白、免疫球蛋白、蛋白/肽类激素、细胞膜上的各种离子通道和转运体、细胞内的各种酶等）在pH略偏碱性（7.35～7.45）的环境条件下，才能保持正常的、有活性的形状，一旦pH超出这个范围，蛋白质就会发生变性，其形状会发生改变。这些功能性蛋白质发挥功能的原理就像一把钥匙配一把锁一样，可以保障精确地调节各项功能，一旦钥匙或锁发生了变形，就会因为无法配对而失去调节功能，尤其能量代谢系统中那些酶如果失去功能，会使得能量供应中断，症状早期表现为兴奋、躁狂及烦躁等情绪，如果纠正不了，接着患者会出现嗜睡、乏力、倦怠症状，也会出现头疼、头晕、甚至昏迷、休克等现象，危及生命。所以进入酮代谢模式之后，人体必须想办法中和这些酮体的酸性。为了纠正酸/碱中毒，人体进化出了3个酸碱缓冲机制：①化学缓冲：包括碳酸氢盐缓冲系统、磷酸盐缓冲系统和蛋白质缓冲系统，这些弱酸/碱性物质可以快速、直接地缓冲体内突然产生的酸碱物质。但其数量有限，只能应急性地缓冲少量的酸碱物质，难以应付长期生酮饮食带来的大量酮体的冲击；②呼吸缓冲：人体可通过加快呼吸频率和呼吸深度，增加CO_2的呼出量，从而降低体内碳酸（H_2CO_3）浓度，对碳酸氢盐缓冲系统起辅助作用。另外，身体还可通过呼吸排出一部分丙酮，这也是呼吸缓冲发挥作用的一种方式，所以使用生酮饮食者口中会发出类似烂苹果似的气味，也就是丙酮的味道；③肾脏缓冲：通过肾脏将H_2CO_3中的氢离子排泄到尿液中，而碳酸氢根离子被分泌回血浆中，帮助血浆pH升高，在酮症酸中毒情况下，还可以直接将酮体排泄到尿液中，产生尿酮体升高的现象。以上就是脂肪/酮代谢模式下，人体保持酸碱平衡的主要机制。

酮体升高出现的症状类似"酮症酸中毒"

另外，为了保证使用生酮饮食的安全性和有效性，还需要注意一些事项：①注意进食量的控制，既然是以减肥为目的，就必须形成热能缺口，如果完全不运动，那么多数成年人每天热量摄入恐怕不能高于1500千卡，并且需要精准计算和称量，不能"大概其就行"，更不能如有些生酮食品广告宣传所声称的"可以随意吃而减肥"；②大部分生酮食物要求采用凉拌或蒸煮等方式来进行烹调，因为油脂在煎、炒、炸、烤过程中会因高温产生过氧化物及其他致炎、致癌物质（如苯并吡），所以不能如有些人以为的"可以天天吃炸鸡/煎牛排/烧烤来减肥"；③使用生酮饮食期间不宜饮酒，啤酒含很多碳水化合物，显然是必须严禁的，红酒也含有较多的碳水化合物，也不适合多饮用，白酒对肝脏造成的负担较大，因此也不适合饮用；④烟也是必须戒掉的，除了健康原因外，吸烟还会干扰身体代谢，降低肺通气和换气功能从而影响酸碱平衡；⑤不能摄入太多肉类食物，否则氨基酸摄入过多会刺激胰岛素分泌而减少脂肪分解，影响生酮，以及可能造成低血糖反应，还会造成肝肾负担过重；⑥最好同时进行一些运动来保持心血管健康和保持肌肉，否则一旦恢复正常饮食，体重会快速反弹。总之，若需要长期吃生酮饮食，就应该充分了解其利弊，并做好心理准备，一定要想清楚这样一个道理"只有生活化的事物才容易坚持，太极端的事物要长期坚持是非常难的"。

第五节 不吃肉食减肥法——佛系人生

还有一种饮食结构长期以来深受人们追捧,而且被贴上了"健康""天然""绿色"等标签,那就是"素食减肥法",尤其受到那些不能适应生酮饮食者的青睐。所谓素食,指的是由植物性食物组成的膳食,包括粮食、蔬菜、水果、坚果等,有些素食者还会吃鸡蛋和牛奶,但不吃动物肉类食物。素食与我国传统的以植物性食物为主的膳食结构相符,而且是我国汉传佛教独有的一种戒律,有上千年佛教信徒的实践为基础,证明了素食基本能够满足人类主要的营养需求,很容易被我国国民接受。

许多人把素食与减肥直接画等号,认为长期素食天然就具备控制体重的功能,这种看法是不正确的,是否发生肥胖与素食或荤食并没有直接关系,而是与热量摄入是否超过消耗有关,所以采用素食并不一定能减肥。有些爱吃肉的人在改成素食后体重减轻,主要是由于植物类食物的热量密度比动物性食物低,加上爱吃肉的人突然改成素食,其食欲往往会下降,因此摄入热量减少。

许多人认为素食是"健康食品",应该多吃。实际上素食之所以"健康"是针对营养过剩者而言的,它们本身并不能满足人体全部的营养需求,没有任何一种植物能够提供全部必需氨基酸,并且多数植物含铁、钙较少或吸收效率低,所以素食都是"有缺陷"的食物,需要合理搭配,才能满足人体对必需氨基酸、铁、钙等重要营养素的需要。多数用素食减脂的案例其结果是失败的,原因主要就是蛋白质摄入不足,其次则是脂肪摄入过多。因此以下两个错误必须避免。

1. 蛋白质来源食物搭配不合理

植物性食物含蛋

"素食≠减肥"

白质普遍不足，唯独大豆（黄豆）含有几乎完美的蛋白质（除了甲硫氨酸含量较低），以及众多天然食物中最高的蛋白质含量（为肉类的 2 倍，谷类的 4~5 倍），所以大豆蛋白几乎可以说是大多数素食者最主要的蛋白质来源，尤其是连蛋和奶也不吃的"纯素食者"，就更是离不开大豆及大豆制品食物。大豆原产于我国，自古就是我国最重要的农作物之一，但长期以来却一直无法"自给自足"，目前我国每年大豆总产量不超过 2000 万吨，每年消耗大豆却超过了 1 亿吨，不得不通过大量进口来满足人们的需求，可见国人对大豆的需求量有多么巨大。但是，有些人对大豆及其制品比较排斥，可能是不喜欢大豆特有的"豆腥味"，也可能对大豆蛋白有不耐受反应，存在这类问题的人采用素食较易出现蛋白质摄入不足问题，很难长期坚持。此外，大豆或大豆制品食物甲硫氨酸含量不足，需要与大米、面粉、玉米、红薯、燕麦、荞麦等搭配，才能弥补缺陷。如果采用素食，却又不吃主食，

> **必需氨基酸**
>
> 人体内有许多种蛋白质，它们就像是人体这个"大工厂"里面的"生产设备"，每时每刻都在完成重要工作，同时也需要定期更新和维护。合成这些蛋白质的原料为 20 种氨基酸，其中 12 种为人体可以自身合成的非必需氨基酸，8 种为人体无法自身合成的必需氨基酸，只能从食物中获取，获取不足就会影响蛋白质合成，使身体功能变弱变差。

搭配正确的素食才健康

担心碳水化合物会引起肥胖,那么吃再多大豆制品也还是会出现"蛋白质营养不良"。

另外,机体在蛋白质的合成过程中,作为原料的各种必需氨基酸之间有一个适宜的比例,就好比汽车厂制造汽车,只要车的设计固定下来了,那么其不同零部件的比例也就是相对固定的;同理,由于各种蛋白质的氨基酸组成都是固定的,所以人体在制造合成这些蛋白质时使用的必需氨基酸比例也是相对固定的,联合国粮食及农业组织规定 8 种人体必需氨基酸的比例为:色氨酸 3.1%、苏氨酸 10%、甲硫氨酸 10.7%、赖氨酸 12.5%、异亮氨酸 12.9%、缬氨酸 14.1%、亮氨酸 17.2%、苯丙氨酸 19.5%。我们将不同必需氨基酸之间相互搭配的比例关系称为必需氨基酸模式或氨基酸计分模式。某种食物蛋白质的必需氨基酸模式与人体蛋白质的必需氨基酸模式越接近,其必需氨基酸的吸收和利用效率就越高,该食物的营养价值也就相对越高,就好比工厂采购的原材料与生产中原材料消耗的品种和数量比例越一致,则产出与投入比就越高,浪费也就越少。氨基酸计分高的蛋白质被称为优质蛋白质,绝大多数优质蛋白质的食物来源都是动物性食物,如鸡蛋、奶、肉、鱼等,而大豆因为甲硫氨酸比例较低,大米和面粉因为赖氨酸比例较低,因此都不能被列为优质蛋白质食物。

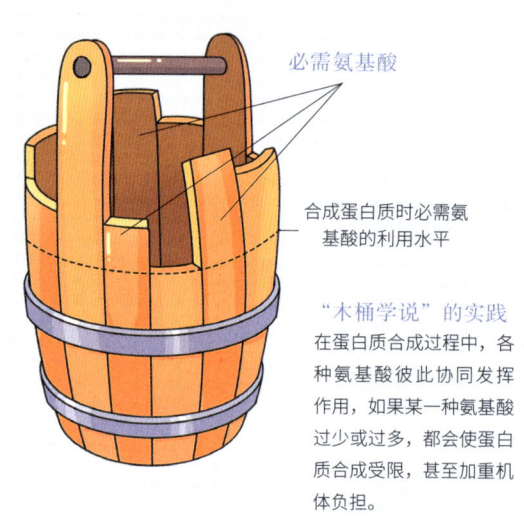

"木桶学说"的实践
在蛋白质合成过程中,各种氨基酸彼此协同发挥作用,如果某一种氨基酸过少或过多,都会使蛋白质合成受限,甚至加重机体负担。

必需氨基酸的"木桶学说"说明不同必需氨基酸在人体内是按固定比例参加合成代谢的

人体与几种主要食物蛋白质的氨基酸模式比较

氨基酸	人体	全鸡蛋	鸡蛋清	牛奶	瘦猪肉	牛肉	大豆	面粉	大米
异亮氨酸	4.0	2.5	3.3	3.0	3.4	3.2	3.0	2.3	2.5
亮氨酸	7.0	4.0	5.6	6.4	6.3	5.6	5.1	4.4	5.1
赖氨酸	5.5	3.1	4.3	5.4	5.7	5.8	4.4	1.5	2.3
甲硫氨酸+半胱氨酸	3.5	2.3	3.9	2.4	2.5	2.8	1.7	2.7	2.4

续表

氨基酸	人体	全鸡蛋	鸡蛋清	牛奶	瘦猪肉	牛肉	大豆	面粉	大米
酪氨酸+苯丙氨酸	6.0	3.6	6.3	6.1	6.0	4.9	6.4	5.1	5.8
苏氨酸	4.0	2.1	2.7	2.7	3.5	3.0	2.7	1.8	2.3
缬氨酸	5.0	2.5	4.0	3.5	3.9	3.2	3.5	2.7	3.4
色氨酸	1.0	1.0	1.0	1.0	1.0	1.0	1.0	1.0	1.0

注：氨基酸模式的计算是以色氨酸的数量为1，其他必需氨基酸与色氨酸的数量比为分值，便于在不同食物之间比较必需氨基酸的组成结构。

牛奶提取出的乳清蛋白号称"氨基酸模式最佳"，因为其氨基酸模式与人体最接近，生物价很高，最容易被人体吸收利用，还不用人体浪费太多代谢资源去处理多余的氨基酸，所以很适合被运动员、体弱且消化能力不足的老人、肝肾功能不足的病人用来快速补充蛋白质，但是由于提炼成本较高，因此价格昂贵。大豆虽然物美价廉，且蛋白质含量比肉蛋奶都高，却不是优质蛋白质，需要与其他富含甲硫氨酸的食物一起食用，才能被更好地消化吸收和利用。在植物性食物中，大米和面粉等谷物中赖氨酸含量不足，甲硫氨酸含量却很高，它们与大豆搭配在一起，生物价提高近40%，才能为人体提供接近动物蛋白氨基酸模式的蛋白质营养，所以素食者一定不要严格限制碳水化合物的摄入，否则很难做到营养均衡。

生物价

全称为生物学价值（BV），是反映食物蛋白质消化吸收后被机体利用程度的指标，最大值为100。生物价高表明食物蛋白质中的氨基酸主要用来合成人体蛋白质，较少有氨基酸经肝脏代谢释放能量，产生的含氮代谢废物较少，肝肾负担小。常用食物蛋白质的生物学价值见下表：

蛋白质	生物学价值	蛋白质	生物学价值	蛋白质	生物学价值
鸡蛋黄	90	牛肉	76	玉米	60
全鸡蛋	94	白菜	76	花生	59
鸡蛋清	83	猪肉	74	面粉	52
脱脂牛奶	85	小麦	67	小米	57
鱼	83	豆腐	65	高粱	56
大米	77	熟大豆	64		

注：小麦、小米、牛肉、大豆单独食用时，其蛋白质生物价分别为67、57、76、64，而混食的生物价可高达89。

需要提醒的是，搭配的食物要同餐食用才有效，因为各种必需氨基酸只有同时到达组织细胞，才能参与合成组织蛋白。从食物中吸收的氨基酸只能短时滞留在血液或肝脏内，4个小时内如果仍没有其缺乏的必需氨基酸被吸收进来的话，其他几种必需氨基酸就只能被氧化代谢变成热量了。所以把大豆放到米里一起煮出来的"黄豆米饭"、或者用豆制品做菜来配米饭或面食一起吃，才是正确的素餐搭配方式。

豆制品和主食要同餐一起吃才能有效提高营养价值

2. "高油＋高碳水"搭配不当

在许多人看来，素食是一类低脂食品，实则不然，一方面因为有些植物性食物的脂肪含量并不低，如大豆含油量20%，花生、瓜子和芝麻含油量超过50%，核桃、松子、榛子等含油量更是超过60%，也是许多人喜爱的零食，如果对这类食物不加以限制，那么每日脂肪摄入量必然会很高。另一方面人们常在烹调素食的时候加入更多的烹调油以使其更美味，如油条、炸糕、油炸花生、地三鲜、烧茄子、干煸豆角、西红柿炒鸡蛋等等，这些家常菜虽是素菜，但是含脂肪量远远高于普通肉菜，尤其是各类饭店，为了使菜品味道更好，菜里的烹调油更是多得惊人。曾有一位朋友问笔者："为什么我按营养师制定的减肥食谱吃饭，还是瘦不下来？"仔细询问之后发现，因为自己无暇做饭，他每天都按营养师制定的食谱在饭馆点菜，尽管分量基本与减肥食谱接近，但烹调用油量却多得多。营养师在制定减肥食谱时往往是按尽量少的烹调用油量来计算菜品热量的，例如计算100克清炒土豆丝热量约为100千卡，这是按2~3克烹调油炒制100克土豆丝计算出来的热量，而多数中国家庭和饭店目前的用油习惯却是"超常"的，用1汤勺（10~15克）油来炒制在许多国人眼里已经是"低脂"了，但却使这一份清炒土豆丝的总热量翻了一倍,达到了 200 千卡左右。因此食物在烹调环节被加入隐性的、额外的油脂,是很多人素食减肥失败的主要原因。

两盘土豆丝的区别

另外,用油烹调高碳水化合物类食物,是一种最佳"增肥食品",也是很容易犯的搭配错误。有一类食物被人们称为"垃圾食品",它们的共同特征就是"高脂高糖",如人们耳熟能详的炸薯片、奶油蛋糕、甜奶昔等等,无一不是额外添加了许多油脂的碳水化合物类食品。这些食品中的碳水化合物会刺激胰岛素分泌,如前文提到的,胰岛素除了降血糖以外,还可以促进人体对甘油三酯和氨基酸的吸收与利用,此时随着碳水化合物一同吸收进入血液的脂肪,就会被高水平的胰岛素"高效"地存储到脂肪组织当中。许多研究表明这类食物能够促使人迅速变胖,以及更容易患上高脂血症和糖尿病等慢性疾病。这里的关键是,如果我们不知道原理,即使知道炸薯片、炸薯条、奶油蛋糕等"洋"垃圾食品在减肥的时候不能吃,却不知道国人常吃的油

家用汤勺一满勺油为 10~15 克

条、油饼、炸糕、炸茄盒、地三鲜、拔丝土豆、拔丝红薯、拔丝苹果、月饼等食品，其实也是典型的高脂高糖食品，这些食品虽然是素食，但如果要减肥，吃着它们无异于"与虎谋皮"。

那些隐形高油脂高热量的素食

 **为什么胰岛素是人体最强的"增肥激素"?**

胰岛素促进脂肪合成与储存的机制包括:①促进葡萄糖进入脂肪细胞,合成α-磷酸甘油,再与血液当中的游离脂肪酸配成甘油三酯,储存下来;②当肝糖原储存饱和时,胰岛素会促进过剩的葡萄糖合成为脂肪酸,再进一步生成甘油三酯,由极低密度脂蛋白经血液运输至脂肪组织储存起来。除了能够促进身体内脂肪增加之外,胰岛素还能抑制脂肪的分解与利用,阻止其减少,机制包括:①抑制激素敏感性脂肪酶的活性,减少脂肪细胞中甘油三酯的分解,从而抑制脂肪酸动员和进入血液;②增加大多数组织对葡萄糖的利用,从而减少对脂肪的利用。而人的身体越胖,对胰岛素的敏感性就越低,胰岛就不得不分泌更多的胰岛素来完成工作任务,发生"高胰岛素血症",于是促进脂肪增加的作用更强,人就变得更胖,由此形成恶性循环,直到胰岛功能衰竭,无法分泌足够的胰岛素来降低血糖,于是发生"糖尿病"。所以人体的糖代谢和脂代谢是紧密联系、无法截然分开进行调控的。

地表最强"增肥专家"

115

我国很多信奉佛教的信徒们长期清淡素食，还有一些注重养生的老年人也是长期清淡素食，所谓清淡，是指低油低盐，素食则是指没有动物性食物，从营养结构特征来说，属于高碳水化合物低脂膳食，这样的搭配是否就有利于减肥了呢？近几十年来，许多官方的饮食指南的确是这样建议的，他们都建议将低脂饮食（low-fat diet）作为一种减肥方式，通常要求脂肪热量摄入不超过每日热量摄入的30%。然而，一些大型长期研究发现，采用30%脂肪热量的低脂饮食，对减肥、减少心脏病和癌症患病风险的影响很小或者几乎没有影响。于是又有研究者提出，脂肪提供30%的热量还是太多，建议进一步限制，于是有了"极低脂肪饮食"，又称"超低脂饮食（ultra-low-fat diet）"。要求从脂肪摄入的热量不超过10%，举例来说，如果每天摄入热量为2000千卡，则每天摄入脂肪总量不得超过22克，也就是2汤勺的油量，这几乎是把低脂做到了极致。因为几乎所有食物都会含有少量脂肪，尤其肉类和含蛋白质高的大豆、坚果类食物含脂肪量都高于10%，所以如果要把脂肪限制得如此之低，也就要把富含蛋白质的动物性、植物性食品都限制得极少，计算下来差不多蛋白质的热量摄入占每日热量的10%，碳水化合物提供的热量则占到80%，所以，超低脂饮食模式属于低脂肪、低蛋白质、高碳水化合物饮食，在食物选择方面只能选米、面等纯粮食食物，以及低脂的蔬菜、水果，

"撑死都不会长胖"的"超低脂饮食"

在烹调方面要求不用任何烹调油，只能用水煮、蒸、烤等方式来烹调。一项来自美国的临床试验结果，证实了超低脂素食对减肥的良好功效：接受这种饮食的肥胖人群，可以不限数量地吃超低脂饮食，他们在16周后体重比对照组多下降了近12斤，而且受试者们还发生了多种有益的能量代谢改变。其他同类研究也有证据表明，长期超低脂饮食确实有利于包括心脏病、糖尿病、肥胖症、多发性硬化症等疾病的治疗。有些读者可能对于摄入那么多碳水化合物也能减肥表示惊奇，但如果查阅一下我国在20世纪80年代中国人的超重与肥胖率，并研究一下当时我国人民的饮食模式，就会发

现如果按现代的标准来算,绝大多数中国人在那个年代的饮食模式都是标准的"高碳水化合物低蛋白低脂饮食",达到"超低脂饮食"水平的也不在少数,而 20 世纪 80 年代我国国民血液胆固醇水平、超重和肥胖率是当时世界上最低的国家之一,证明高碳水化合物并非肥胖和糖尿病的致病原因,真正导致代谢性慢性病发生率逐年升高的原因其实是脂肪和蛋白质供能占比的逐年升高,同时碳水化合物供能占比的逐年下降。在可预见的未来,这个趋势仍然会愈演愈烈。然而,尽管大家都知道"低脂肪饮食"有利于健康,但食物种类几乎严格限定为素食,烹调方法只能蒸和煮,缺乏多样性且口味不佳,不能带给人幸福感,从长远来看,长期坚持严格的低脂肪饮食是非常困难的,建议在减肥期间短期使用,没有必要长期使用。

"超低脂饮食"没有幸福感

第五章

迎难而上——
如何单纯用饮食控制来减脂?

上一章讨论了几种饮食模式，都属于在营养结构的某一方面过于极端的模式，包括餐次过少、总热量过低、碳水化合物过低、蛋白质过低、脂肪过低等，这些饮食模式都有健康风险，或者不具备长期使用的可行性。所以，对于大多数人来说，无论是为了减脂，还是为了保持健康状态，都应该采用平衡膳食。

第一节 健康饮食有真经：平衡膳食

平衡膳食，或者叫均衡膳食，在营养学上是指全面达到营养素供给量的膳食，基本要求：第一，使摄食者得到的热能和营养素都能满足生理需要量；第二，要求摄入的各营养素间具有适当的比例，能达到生理上的平衡。平衡膳食是制定膳食营养素供给量标准的基本原则，也是提高全民健康水平的最终目标。

平衡膳食

许多饮食模式研究通过对营养的全面性、易接受性和减肥效果的对比分析，都证明了"限制能量的平衡膳食"对于减肥者来说，是最佳饮食模式。限制能量的平衡膳食（calorie-restricted diet，CRD）减肥法，是指在限制每日能量摄入的同时，使能量营养素的供能比例符合平衡膳食的要求（碳水化合物55%~65%、脂肪20%~30%、蛋白质15%~20%），以及依旧保证身体所需的基本营养需求。有研究显示 CRD 可以有效帮助肥胖患者减轻体重和体脂肪量，又能降低患者的血压、血脂，而肌肉量没有明显减少，且机体水分含量反而有所提升，高密度脂蛋白也有所升高。**最重要的是，对于绝大多数减肥者来说，CRD 都最容易坚持、最安全、最有效。**

为达到平衡膳食的基本要求，需要做好 3 个方面：总热量适中，营养结构均衡，餐次合理。具体来说，可以按以下步骤来操作。

第一步：计算每日摄入的能量

CRD 的热量计算基本原则是：在每日总摄入量基础上每日减少 500 千卡左右，每周能量缺口 3500 千卡，这样每周能够减体重 300~500 克。有人认为，平衡膳食如果配合每日适量运动与规律作息是可以减脂的，但对长期坐在办公室里并且没有什么时间运动的上班族，"平衡膳食"有可能让人稳步发胖。出现这个问题的原因通常是没有计算好合适的热量摄入量并严格执行，饮食量的随意性较强。那么如何尽量准确地计算出每日需要多少能量呢？在第四章第一节中提到，由于人与人之间静息代谢率个体差异较大，除非用专业的能量代谢分析设备测定，否则很难得到准确的个体化的日摄入量。但是，大多数人无法做到，所以只能退而求其次，先用标准化的热量表来制定一个预估值，并在实际执行过程中严格按计划实施，然后根据减重效果来调整热量，逐渐锁定自己的个体化热量需求。举例：一位 30 岁左右的男性，职业是电脑工程师，每日伏案工作时间长，无运动，想单纯通过控制饮食减重。我们按 18~49 岁

减肥营养咨询

上周体重增加了，这周热量减 200 千卡

上周体重没变化，这周热量减 200 千卡

上周体重降了 500 克，这周维持计划

上周体重降了 1000 克，这周热量加 200 千卡

量出为入

轻体力劳动计算，查下表，每日热量需求为2400千卡，则减脂热量需求预估值为2400-500=1900千卡。按该热量设计每日食谱并严格实施，每日早晨起床如厕后称量体重并记录，一周后评估：①如果一周体重下降300~500克，则维持该热量。②如果一周体重几乎无下降，甚至有所增加，需减少每日热量摄入200~300千卡，下一周再评估，直至达到第①点目标。

中国居民膳食能量需要量(EER)、宏量营养素可接受范围(AMDR)、蛋白质推荐摄入量(RNI)

人群	EER/(kcal·d⁻¹)*		AMDR				RNI 蛋白质/(g·d⁻¹)	
	男	女	总碳水化合物/%E	添加糖/%E	总脂肪/%E	饱和脂肪酸 U-AMDR/%E	男	女
0~6月	90kcal/(kg·d)	90kcal/(kg·d)	—	—	48(AI)	—	9(AI)	9(AI)
7~12月	80kcal/(kg·d)	80kcal/(kg·d)	—	—	40(AI)	—	20	20
1岁	900	800	50~65	—	35(AI)	—	25	25
2岁	1100	1000	50~65	—	35(AI)	—	25	25
3岁	1250	1200	50~65	—	35(AI)	—	30	30
4岁	1300	1250	50~65	<10	20~30	<8	30	30
5岁	1400	1300	50~65	<10	20~30	<8	30	30
6岁	1400	1250	50~65	<10	20~30	<8	35	35
7岁	1500	1350	50~65	<10	20~30	<8	40	40
8岁	1650	1450	50~65	<10	20~30	<8	40	40
9岁	1750	1550	50~65	<10	20~30	<8	45	45
10岁	1800	1650	50~65	<10	20~30	<8	50	50
11岁	2050	1800	50~65	<10	20~30	<8	60	55
14~17岁	2500	2000	50~65	<10	20~30	<8	75	60
18~49岁	2250	1800	50~65	<10	20~30	<8	65	55
50~64岁	2100	1750	50~65	<10	20~30	<8	65	55
65~79岁	2050	1700	50~65	<10	20~30	<8	65	55
80岁~	1900	1500	50~65	<10	20~30	<8	65	55
孕妇(早)	—	1800	50~65	<10	20~30	<8	—	55
孕妇(中)	—	2100	50~65	<10	20~30	<8	—	70
孕妇(晚)	—	2250	50~65	<10	20~30	<8	—	85
乳母	—	2300	50~65	<10	20~30	<8	—	80

注：①未制定参考值者用"—"表示；②%E为占能量的百分比；③EER：能量需要量；④AMDR：可接受的宏量营养素范围；⑤RNI：推荐摄入量。*6岁以上是轻身体活动水平。

(《中国居民膳食指南（2022）》)

需要注意的是，每日热量的设置应以不要有明显的饥饿感为基本要求。如果使用者在使用期间任何时间出现强烈饥饿感，应尽快吃些零食以缓解饥饿感（**饥饿比吃零食对健康的损害更大**），并分析饥饿原因，如果为偶然出现，日热量摄入可不做调整；如果为频发，如一周出现3次或更多，则必须增加日热量摄入100~200千卡，直至饥饿症状消失，即使体重下降速度放缓，也必须调增热量，因为每个人代谢调节和神经内分泌敏感性不同，有些人体重下降时瘦素等激素下降过多，会造成饥饿感强烈，则不应该"硬抗"，应该调节减重预期，放慢减重速度。但有些人总也不觉得饿，是否可以加快减重速度呢？也不建议，单纯靠减少能量摄入来减重的话，如果体重下降速度过快，则瘦体重损失会较大，对健康损害较大，且未来更容易反弹。所以大多数专家推荐的单纯通过饮食控制的减重速度是每周0.5千克。

第二步：按照计算出的能量来安排每天的食谱

平衡膳食要求各种营养素应能够充分满足人体需要，不发生营养不良问题。要达到这个要求就要做到各种营养素摄入比例的合理化，首先是确定三大能量营养素——碳水化合物、脂肪和蛋白质的比例，确定下来之后，我们的食物营养结构也就大致确定下来了。其次是食物种类尽量多样化，以保证微量营养素的供给。

热量比例是国际通用的表述方法，但有些偏学术，为了更具有可操作性，中国营养学会在《中国居民膳食指南（2022）》中，绘制了一个平衡膳食宝塔（Chinese food guide pagoda），把平衡膳食原则转化为各类食物的数量并用图形化表示，使用起来更方便。

《中国居民膳食指南（2022）》中的平衡膳食宝塔

膳食宝塔中标明的食物重量是按照每日摄入热量1600~2400千卡设计的,大家在使用时可以自己按照自己需要的摄入热量按比例进行换算。例如,如果每日需要摄入2000千卡热量,简单计算就能得出每日谷类进食数量为250克,薯类75克,动物性食物160克,大豆和坚果30克,奶和奶制品400克,水果275克,至于蔬菜,由于热量很低,可以忽略不计,通常建议每日至少500克,主要是满足人体对维生素、矿物质和膳食纤维的需要。

小知识

如何确保多种营养素都能摄入充分?

《中国居民膳食指南(2022)》推荐了八个原则,如果都能做到,基本就不会发生营养缺乏问题,总结如下:

(一)"食物多样,合理搭配"原则

坚持谷类为主的平衡膳食模式。之所以强调谷类为主,目的是纠正许多国民食物结构中碳水化合物摄入不足、肉类食物占比过多的错误问题,纠正把碳水化合物当成导致肥胖原因的错误观念。

每天的膳食应包括:

1. 谷薯类;蔬菜、水果类;畜、禽、鱼、蛋、奶类;豆类。
2. 每天摄入谷类食物200~300克,其中包含全谷物和杂豆类50~150克;薯类50~100克。(均为食物生重,下同)

(二)"吃动平衡,健康体重"原则

坚持天天运动,保持健康体重。

1. 坚持日常身体活动,每周至少进行5天中等强度身体活动,累计150分钟以上。
2. 主动身体活动,每天走6000步。
3. 鼓励适当进行高强度有氧运动,加强抗阻力量运动,每周2~3天。
4. 减少久坐时间,每小时起来动一动。

(三)"多吃蔬果、奶类、全谷、大豆"原则

1. 保证每天摄入不少于300克的新鲜蔬菜,深色蔬菜应占1/2。
2. 保证每天摄入200~350克新鲜水果,果汁不能代替鲜果。
3. 吃各种各样的奶制品,摄入量相当于每天300毫升以上的液态奶。
4. 经常吃全谷物、大豆制品。
5. 适量吃坚果。

(四)"适量吃鱼、禽、蛋、瘦肉"原则

1. 鱼、禽、蛋类和瘦肉摄入要适量,每天动物性食物120~200克。
2. 每周至少吃2次或300~500克水产品。
3. 每周蛋类300~350克,畜禽肉300~500克。
4. 少吃深加工肉制品。
5. 鸡蛋营养丰富,吃鸡蛋不弃蛋黄,每天一个鸡蛋。
6. 优先选择鱼。
7. 少吃肥肉、烟熏和腌制肉制品。

（五）"少盐少油，控糖限酒"原则
培养清淡饮食习惯。
1. 每天摄入食盐不超过5克。
2. 烹调油25~30克。
3. 控制添加糖的摄入量，最好控制在25克以下。
4. 反式脂肪酸（奶油部分）每天摄入量不超过2克。
5. 不喝或少喝含糖饮料。
6. 成年人如饮酒，一天饮用的酒精量不超过15克。

（六）"规律进餐，足量饮水"原则
合理安排一日三餐，定时定量，不漏餐，每天吃早餐。
1. 规律进餐、饮食适度。
2. 不暴饮暴食、不偏食挑食、不过度节食。
3. 足量饮水，少量多次。
4. 每天喝水，成年男性1700毫升、女性1500毫升。
5. 推荐喝白水或茶水，不用饮料代替白水。
6. 少喝或不喝含糖饮料。

（七）"会烹会选，会看标签"原则
做好健康膳食规划。
1. 认识食物，选择新鲜的、营养素密度高的食物。
2. 学会阅读食品标签，合理选择预包装食品。
3. 学习烹饪、传承传统饮食，享受食物天然美味。
4. 在外就餐，不忘适量与平衡。

（八）"公筷分餐，杜绝浪费"原则
1. 选择新鲜卫生的食物，不食用野生动物。
2. 食物制备生熟分开。
3. 熟食二次加热要热透。
4. 讲究卫生，公筷分餐。
5. 珍惜食物，按需备餐，不浪费。

以上八项原则比较宽泛，因此《中国居民膳食指南（2022）》提供了详细的"实践应用"说明，帮助大家按原则做好食物的选择和烹调，读者可以到中国营养学会的官方网站上找到"中国居民膳食指南"版块，进一步了解和学习。

对处于减肥期间的人来说，在选择食物时，最重要的原则一是要把脂肪摄入量控制在较低水平，二是要尽量选择"升糖指数"（glycemic index，GI）低的食物，以减慢进食后血糖升高的速度、降低血糖升高的幅度，这一点与糖尿病人的饮食要求是一样的。因为血糖水平决定了胰岛素水平，而胰岛素会促进脂肪生成。

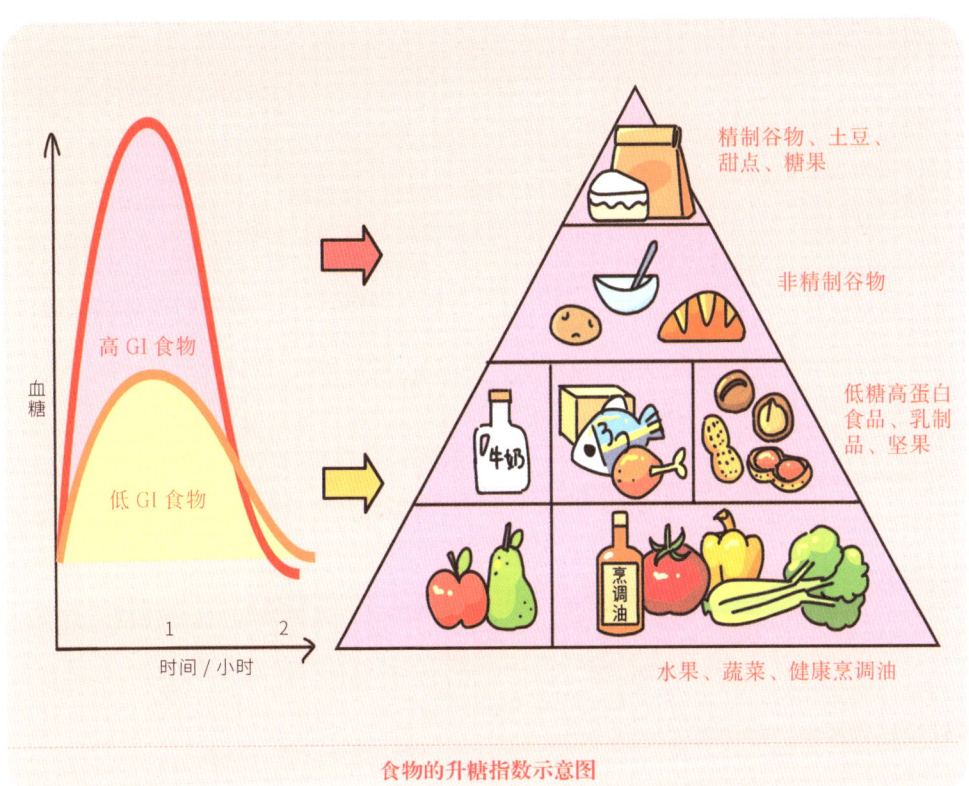

食物的升糖指数示意图

升糖指数低的食物基本上都是膳食纤维含量高的食物。长期以来，我国人民的膳食素以谷类食物为主，并辅以蔬菜果类，所以本无膳食纤维缺乏之虞。但随着生活水平的提高，食物精细化程度越来越高，动物性食物所占比例大为增加，一些大城市居民膳食中脂肪的产热比例，已由几十年前的 20%~25% 增加至目前的 40%~45%，而膳食纤维的摄入量却明显降低，出现了"生活越来越好，纤维越来越少"的情况，肥胖症、糖尿病、高脂血症等"现代文明病"，以及肠癌、便秘、肠道息肉等发病率日渐增高均与膳食纤维过少有关。所以，无论从减肥的需要，还是防治各种慢性疾病的需要，我们都应该自觉地多选择升糖指数低的食物，少选择升糖指数高的食物。

各种食物的升糖指数 GI

以葡萄糖（GI 100）做对比

食物种类	低GI(55或以下)	中GI(56-70)	高GI(70以上)
粥、饭	糙米饭、黑米粥、玉米粥、爆米花	米饭、大米粥、小米粥	速食米饭、小米饭、大黄米饭
粉、面	米粉、面条、意大利面、荞麦面、马铃薯粉条	荞麦面馒头、荞麦面条、玉米面粥	馒头、油条、烙饼
面包、饼干、蛋糕	—	汉堡包、面包、小麦饼干	苏打饼干、华夫饼干、米饼、蛋挞
根茎类	山药、芋头	马铃薯、炸薯条	马铃薯泥
糖	巧克力	—	蜂蜜、绵白糖、各种糖果
水果	樱桃、李子、苹果、梨、草莓、桃、柚子、葡萄、柑、橙子、猕猴桃、香蕉	芒果、木瓜、菠萝、葡萄干	西瓜
蔬菜	绿叶蔬菜、红色蔬菜	—	南瓜
豆类、豆制品	蚕豆、黑豆、豆腐干、四季豆、绿豆、扁豆	—	—
坚果	花生、腰果、杏仁	—	—
奶类	非加糖的鲜奶及奶制品	—	—

以升糖指数低为特征的地中海饮食大多富含膳食纤维

下面是一个 1400~1600 千卡的限能量平衡膳食食谱，供读者参考使用。

平衡膳食食谱（食材生重）

早餐
低脂牛奶 245毫升
菜包1个 面粉50克，菜30克
红豆粥 红豆10克，大米10克
煮鸡蛋1个 鸡蛋50克
小黄瓜 1根

午餐
二米饭 大米+小米共80克
洋葱炒牛肉片 瘦牛肉75克，洋葱100克，油5克
芹菜香干 芹菜80克，香干35克，油5克
西红柿蛋花汤 200克

加餐
圣女果 6个，酸奶1盒100克

晚餐
蒸薯类或南瓜 50克
米饭 大米50克
茭白炒鸡丝 鸡丝50克，茭白100克
酸菜鱼片 鱼片80克
菌菇汤 200克

加餐
苹果1个

需要提醒的是，饮水不足是减脂人群常见的错误行为，由此带来的脱水问题是减脂人群常见的营养不良问题之一，可导致疲劳、情绪烦躁、易感染、血压升高、中暑等症状，不仅会降低减脂效果，还可能带来不可逆的健康损害。发生脱水问题主要源

自减肥者错误的营养知识以及追求过快的减重速度,而不喝水不但没有一点好处,并且对健康的危害很大,可以说是"伤心伤肝又伤肾",除了肾功能障碍的病人,或是运动员在比赛前为了达到参赛体重级别要求需要短期控制水以外,其他情况下人们都不应该限制饮水,尤其是在减脂期间更应该充足补水,才能加快新陈代谢速度,加速脂肪的消耗,同时保护心血管、肾脏、神经、免疫等重要组织和系统的健康。

减肥切忌"减水分"

第二节 一天到底该吃几顿——少食多餐

每日餐次是减脂计划中不可避免的一个重要内容，同时也是争议较多的一个话题。涉及的问题主要有 2 个，一是各餐之间热量如何分配，二是每日餐次数量多少为宜。

《中国居民膳食指南（2022）》建议：一日三餐的间隔时间以 4~6 小时为宜。早餐安排在 6:30~8:30，午餐 11:30~13:30，晚餐 18:00~20:00 为宜，将每日摄入能量占比按照早餐 25%~30%，午餐 30%~40%，晚餐 30%~35% 的比例分配到一日三餐中。另外，还建议早餐和午餐的食物选择应当营养全面和丰富，晚餐则不宜过于丰盛、油腻，且晚餐时间不要太晚，至少在睡觉前 2 小时不进食。除了三个正餐都要吃以外，也不反对吃零食，但要合理选择，吃低糖、低脂、低盐的零食，同时不能大量吃零食，以免影响正餐，最后一点是要求睡前一小时不吃零食。指南的建议主要基于以下科学逻辑：一次性进食过多最容易引起血糖升高幅度大和时间长，因此，通过尽量拉开两次进餐之间的时间，以及平均分配热量，可以尽量降低餐后血糖升高的时间，进而降低胰岛素水平和减轻胰岛负担，降低消化系统和肝肾代谢负担。另外，指南提出可以用零食来补充不足和调节血糖，这是与以往的指南区别最大的地方，因为在过去很长一段时期，营养学界提倡的都是"少吃和不吃零食"，尤其"睡前不能吃零食"，新的指南对此都做了修改，修改的原因主要是基于近十几年来营养学界对于"能量平衡"的研究的新发现。

喜大普奔的好消息"减肥可以吃零食"

能量平衡是指在 24 小时内"能量摄入"与"能量消耗"基本相当，如果能量平衡，则体重会保持不变，如果能量不平衡，体重则会减少或者增加，这是由热力学原理决定的。按照传统观点，能量平衡是在一天内实现的，一餐能量摄入少可以用其他两餐补足，所以某一餐不吃或少吃一点可以靠其他两餐或一餐多吃一些补回来。但是，新的研究表明，一日三餐之中，无论少吃了哪一餐，都有可能导致体脂率的升高和身体肌肉的减少。正确的做法是"少食多餐"，不但要吃一日三餐，还应该增加餐次，包括可以吃零食，以及睡前也要吃些东西，以上观点可以说颠覆了许多人以往的认知。

"日内能量平衡"是指每个小时内能量摄入与消耗的差值，如果为正值表明该时间段内能量摄入较多，如果为负值表明该时间段内能量消耗较多。目前大多数关于日内能量平衡的研究都是在运动员身上进行的，下图显示了一个艺术体操运动员的日内能量平衡情况，该运动员在 24 小时内，大部分时间曲线都在 0 线以下，即处于能量负平衡状态，3:00~9:00、10:00~23:00，总共 20 个小时里都是能量负平衡，尤其是 5:00~6:00、12:00、15:00~20:00 能量负平衡都达到或超过了－400 千卡。那么，每天有那么多时间能量平衡都是负值，是不是这个运动员会很瘦，体内脂肪率会很低呢？

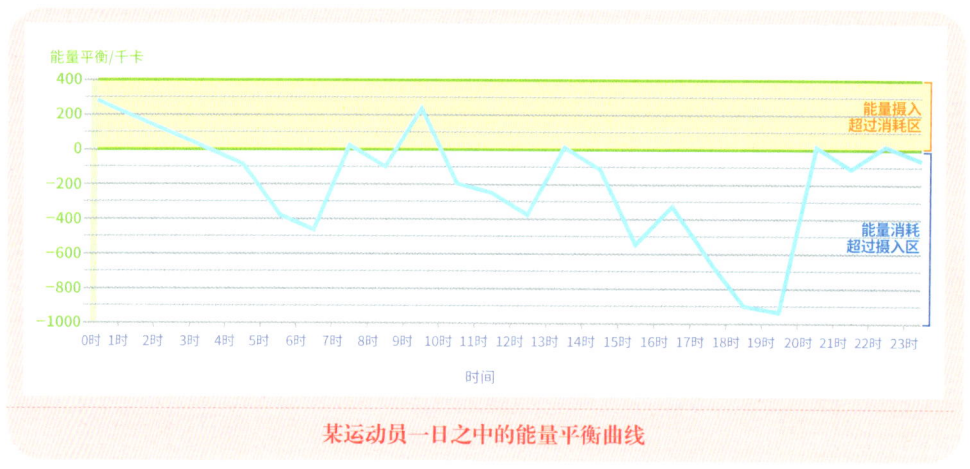

某运动员一日之中的能量平衡曲线

为了解答这个问题，有研究人员比较了一些高水平竞技体操、艺术体操、中距离跑和长跑运动员的体脂百分比，发现体态看起来最苗条的艺术体操运动员，其体脂率在 4 个项目中却是最高的，竞技体操运动员体脂率次高，长跑运动员再次，中距离跑运动员体脂率最低。进一步研究这些运动员的能量平衡状况，发现如果以"天"为时间单位来计算，这几个项目的运动员没有差别，都能够保持每日的能量平衡，也就是每日的能量摄入与能量消耗差别不超过 100 千卡；但如果以"小时"为时间单位来计算，则不同项目运动员的"日内能量平衡"就出现了很大的差别：艺术体操运动员为了保持身材"苗条"，经常长时间训练而不进食，日内大多数时间里能量负平衡都超过－200 千卡，有 10 个小时接近或超过－400 千卡，经常感觉饥饿但强忍着不进食，结果体脂水平反而是最高的；竞技体操运动员也需要严格控制体重，同样经常采用"少吃多练"的方式，在一半时间里日内能量负平衡都超过－200 千卡，有 6 个小时接近或超过－400 千卡，结果体脂水平仅仅是略低于艺术体操运动员；长

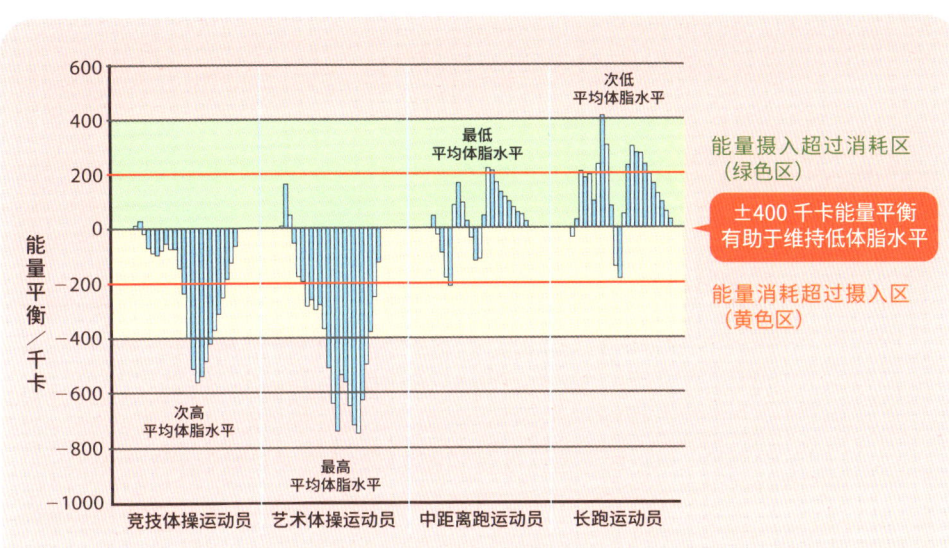

4 组不同项目精英运动员每小时能量平衡图

(Deutz B, Benardot D, Martin D, and Cody M. Relationship between energy deficits and body composition in elite female gymnasts and runners. Medicine & Science in Sports & Exercise 2000; 32(3): 659-668.)

4 组不同项目精英运动员体脂率不同

跑运动员大多数不需要减体重,无论在训练中还是训练后都会尽量多吃食物来补充运动消耗,所以他们大多数时间里日内能量都是正平衡,只在凌晨睡眠中及训练中有3个小时能量平衡为负,有12个小时能量正平衡达到或超过200千卡,但因训练量大,因此能量平衡波动幅度也较大;中距离跑运动员也会尽量多吃食物来补充运动消耗,日内能量平衡有17个小时为正平衡,只有7个小时是负平衡,且波动幅度是4个运动项目中最小的,基本都在±200千卡之内,结果体脂率却是最低的。可见,这4个项目运动员的体脂率与他们日内能量平衡的波动幅度负相关,因此研究者建议运动员在任何时候都不应一次性过量进食或长时间不进食,尤其是不能出现过度的能量不足(低于400千卡的热量负平衡),否则不仅会使体脂升高,而且会导致其他一些症状,例如女性运动员月经异常、骨质疏松症等,男性运动员会出现雄性激素(睾酮)和骨密度降低,以及肌肉减少。也就是说,少食多餐是降低体脂率的关键。

成年女性必须保持较高的体脂率才能保证月经正常吗?

曾经有一种观点,认为成年女性体内的脂肪含量需要达到17%~22%(Petrie等,2004;Manore,2002)才能维持正常的月经周期,如果女性体脂百分比过低,可能会导致雌激素分泌不足,引起生殖系统问题,包括月经过少(月经次数一年少于8次,或每个周期间隔大于35天)和闭经(无月经6个月,或按自身月经周期计算停止3个周期),同时还会导致骨质疏松症,更容易发生骨折。然而,近年来有更多的研究证据表明,导致女性发生生理周期异常问题的原因并不是体脂百分比偏低,而是经常饿肚子导致的能量不足。有研究表明,体脂百分比为17%(对女性来说已经很低了)但能维持良好日内能量平衡状态的女性没有痛经的风险;而体脂水平较高但无法维持良好日内能量平衡状态的女性发生痛经的风险却明显较高(Fahrenholtz等,2018;Mountjoy等,2018;Loucks,2003)。所以,那些能够维持日内能量平衡而不靠饿肚子来减肥的女性运动员,既能保持苗条(体脂水平低),又能维持正常的月经功能(Loucks,2003)。

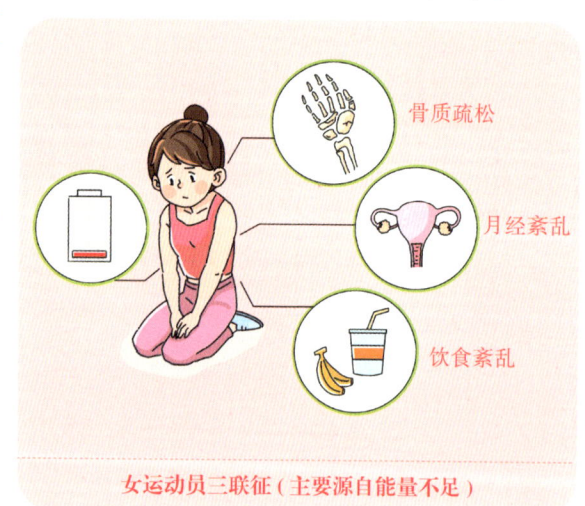

女运动员三联征(主要源自能量不足)

如何在减脂期间做好少食多餐呢？首先在设计减重食谱时不能过度降低能量摄入，建议按照"每日需要热量-500千卡"来设计每日总热量摄入比较合适；其次是要把这些热量分配到6~7次来摄入，也就是每2~3小时就吃一些食物，避免一次性吃太多或长时间不吃东西。这样即有助于降低体脂量，同时不会使人产生进食被剥夺感或过度饥饿，让减脂更安全、有效。为了做好饮食控制，以下几点需要注意：

①"少食多餐"并非每次进食都要像一日三餐一样正式，而是可以用零食来代替部分餐食，避免出现低血糖，以及尽量使减肥者不出现较强的饥饿感。

②每日食物种类应足够多样化，尤其在减少食物总量的情况下，食物的种类越多越不易发生部分营养素的缺乏，对减肥者的要求则是不要挑食或偏食。

③蛋白质的摄入量应尽量均匀分布到三个正餐及一两次加餐里。因为在几个小时内人体能够摄取并利用的蛋白质最多20~30克，所以即便是大强度运动后，也不必一次大量进食蛋白粉或大量吃肉，而应该分散到每餐里面去均匀补充，以优化利用率。

"零食"可以是"少食多餐"的一部分

第三节 单纯靠节食来减肥：要求多

在一次学术交流活动中，曾有一位美国营养学家对笔者感叹，如果不用运动，单纯用饮食来减肥，很难成功，却很容易反弹。因此本节就来讨论一下，单纯靠节食来减肥，究竟难在哪些环节，还有哪些要求。

要求一：自律，多年如一日

相比于"极低热量饮食""生酮饮食""纯素食"等饮食模式来说，采用平衡膳食减肥会更加安全，更加健康。但平衡膳食减肥法也有一个容易被诟病的缺点，就是减肥慢，在不考虑反弹和健康损害的前提下，前几种饮食方法有可能让减肥者体重一个月减轻十几斤甚至更多，而平衡膳食一个月只能减 3~5 斤，相比之下似乎减重效果较

靠饮食减肥期间，生活要严格自律

差，需要坚持半年甚至一年以上才能达到理想的减重目标。大部分人都会觉得这样的减重速度太慢，如果再加上周围时常出现的许多"减肥速成产品/方法/人物"宣传品，那么除了营养知识丰富的专业人士，几乎没有人愿意接受以年为周期的减肥方法。

其实从理论分析到实际操作来看，平衡膳食减肥方法才是能够长期坚持的、健康的、对人体损害最少的纯营养减肥方法，其他营养模式虽然减体重更快，却既要付出健康代价，又容易反弹。如果有人愿意采用平衡膳食减肥方法，就必须接受它的慢速，并长期保持饮食自律，长期坚持计算饮食热量，每周（日）提前制定食谱并严格执行。

要求二：平淡，生活如白水

对于许多肥胖者来说，不能够尽情享受美食，可能是世界上最令人感觉遗憾的事情之一。降低热量的平衡膳食往往是与"饮食清淡""寡油少盐"等要求联系在一起的，而且如果减肥目标在 10 千克以上，则意味着至少半年内要一直与这种饮食为伴，轻易不能"大吃一顿"，否则可能一个月的努力就前功尽弃。

长期使用热量低于身体需要量的饮食，不论食物结构搭配得多么合理，也不论餐次和餐量分配得多么细致，也不论是否能够用代餐食品保持肠胃的"饱腹感"，血液里的血糖是没有办法凭空产生的，细胞从外界得不到足够的营养，人体就会对此做出适应性变化，包括瘦体重的减少、神经兴奋性下降、内分泌稳态被改变（包括胰岛素、生长激素、性激素等促合成激素水平下降，胰高血糖素、肾上腺素、皮质醇等促分解激素水平升高），这种适应需要 2~3 年甚至更长的时间才能达到稳定的平衡，过程过于漫长，很容易出现变数。尤其是在此过程中，胰岛素会对食物非常敏感，一旦因为经受不住诱惑，过多摄入热量（例如参加了一次聚会，比平常多吃了一些），则消化液会过量分泌，胰岛素分泌的量也会远高于以往，以帮助身体尽可能多地从食物中摄取热量。一旦选择食物错误，使胰岛素水平升得过高，还有可能导致血糖下降过多，让人感觉非常饥饿，而体重却出现反弹，就会使人产生"喝凉水都会长肉"的感觉。所以许多单纯用饮食来减肥者，尤其是身体活动很少的减肥者，往往在减肥进入第 2~3 个月的时候，体重就很难下降了，被迫吃得越来越少，但因为消化吸收率提高了，减体重却越来越困难，一旦控制不住自己吃多了，体重会大幅反弹，所以许多人会在这个阶段减肥失败。

因此，要单纯靠限制热量的平衡膳食减肥，就不能急于求成，要制定长期计划并长期"清淡饮食"，远离那些能够刺激食欲的甜食、高脂肪以及其他味道鲜美的食物，避免让自己经受不住美食诱惑而过量进食，并且只能选择那些高膳食纤维的低生糖指数食品，以减缓血糖升高速度与幅度。更重要的是，需要在家人的监督和帮助下严格控制食物量，这样才有可能顺利度过适应期，到达成功减肥的彼岸。

靠饮食减肥期间，要拒绝各种诱惑

要求三：基本要求，身体好

通常来说，老年肥胖者单纯靠控制饮食减肥很难，中年人困难度次之，而青年人相对而言最容易。是因为年龄吗？表面上看与年龄相关，究其实质，则是取决于身体健康程度。为什么单纯靠控制饮食方式减肥要有一个好身体？原因是长期能量摄入低于身体需要必然伴随健康水平的下降，哪怕下降得很慢，但这是减肥必然要付出的代价。单纯靠节食减肥本来操作难度就很大，失败概率高，所以健康本钱如果不够多，减肥的成功率就会更低。

具体来说，首先身体瘦体重比例要够高，就是肌肉量不能偏低。人类肌肉会随着年龄增长而减少，因肌肉减少带来基础代谢率的下降，这本来就是肥胖发生的原因之一。如果单纯靠节食来减肥，必然加速瘦体重丢失，而瘦体重减少又会进一步减少人体基础能量消耗，因此瘦体重偏低的人，几乎难以单纯靠饮食控制成功减肥。

其次应激调节能力要良好，尤其是调节能量代谢的神经内分泌功能要足够好，且大脑利用酮体的能力要足够好，同时肝脏糖异生功能要很好，才能在长期能量不足的情况下保持血糖的稳定，保证大脑能量供应而不出现危险。长期能量摄入不足会降低人体应激调节能力，使人在面对不良刺激时应对不当，乃至精神层面的失常。长期饥饿的人容易对外界刺激敏感，过于强烈，反应失当，甚至会患上神经性厌食症，这些表现都是由于大脑缺乏能量造成的。轻微减量的平衡膳食能够把能量不足对神经系统的影响尽量减少，但这要在操作非常精准、合理的情况下才能做到，并且要严格执行。

再次身体有氧能力要够好，尤其是血液循环要够丰富，心肺功能要足够好，细胞线粒体脂代谢酶活性要足够强。加强身体脂肪的燃烧需要良好的有氧功能，有氧代谢能力强的人往往运动减脂相对较容易，因为其氧转运、脂肪转运、β氧化酶活性均相对较好。我们知道有些人先天短跑能力强，有些人先天长跑能力强，前者的肌肉类型属于快肌较多，后者的肌肉类型属于慢肌较多，慢肌较多的肥胖者相对来说减脂更容易，主要原因就是他们的有氧代谢能力相对更好。

要求四：知识，成为营养师

要用好平衡膳食减肥法需要较系统地学习营养科学知识，学会每天计算能量、设计热量分配及补充必需营养素的知识。如果对营养学知识、能量代谢与物质代谢方面的生物化学知识没有足够的了解，很难在面临实操问题时不犯错误。即便是在专家的帮助下制定了一个符合个性化的减肥食谱，也至少还要学会如何选择食物、如何做食物替换、如何正确烹调以保护好营养素等必要的常识，才能够正确完成日常饮食准备。所以说，要想单纯靠节食来成功地减肥，要么完全依靠专业人士帮助，要么让自己成为一个营养师。

靠饮食减肥，要学的知识很多

还有一类营养素——微量营养素的问题不容忽视。减肥主要靠限制宏量热能营养素，但身体需要的微量必需营养素（如各种维生素、矿物质等）却一个都不能少，并且有些微量营养素直接参与糖代谢、脂代谢调节，一旦缺乏，可能造成减肥失败。微量营养素种类繁多，其复杂程度也远超能量营养素，现实生活中就有许多人因为食物选择和搭配不合理而出现微量营养素不足的问题。所以如果有读者减肥不顺利，并且出现了一些微量营养素缺乏性疾病，如贫血、溃疡、皮炎皮疹、脱发、骨质疏松症等，除了寻求营养医生帮助之外，自己也要多学习一些营养学知识，否则很可能根本就意识不到自己的问题是由于缺乏微量营养素引起的。

看了本章的内容，如果读者还是选择单纯靠节食来减脂，那么最后送上一些原则，希望能够帮助读者把饮食计划做得更好。

第一饮食原则：合理搭配

要想在减少食物摄入量的同时还能保持精力十足，就需要合理搭配每天的食物，让蛋白质、健康脂肪和碳水化合物的比例接近 2∶2.5∶5.5。可以像好莱坞的营养大师格温妮丝帕特洛那样，每天一起床就先安排好一整天的食材，将它们在餐台上一字排开，进行最合理的搭配，当然，要做好这一点，食品营养学的相关知识是必须学习的。

养成定量饮食习惯，每餐饭都按减肥计划称量出自己的份额，避免进食过多

第二饮食原则：每餐吃到 7 分饱

想要节食减肥，又不想因营养不良伤害身体，那么每餐最好吃到 7~8 分饱。这样坚持一段时间，会发现胃口在慢慢地缩小，逐渐更容易控制食欲，防止摄入过多的热量。有些人总是会吃到撑才停下来，这样会导致饱感越来越迟钝，胃口越来越大，容易变胖。有些人为了节食，经常饿肚子，或饥一顿饱一顿，这样很容易造成胃部疾病，而胃病通常都很难治愈。所以三餐要有规律，吃到 7 分饱就离开餐桌，慢慢地就能控制好自己的食欲了。

第三饮食原则：餐具用小号

心理学家发现，人的饮食量与餐具的大小也有一定的关系，如果餐具偏大，吃进去的食物就容易偏多。如果换成了小餐具，人就会因为心理作用，觉得自己吃得过多而停下来，这样就能减少进食的数量。

第四饮食原则：不让食欲暴涨

如果连续进食过少，会使食欲暴涨，很容易导致放弃减脂或报复性进食。所以要耐心，不要急于求成而设定超出能力范围的减脂目标，既要控制每天的食量，又不能控制得太严苛，且要允许在饥饿感开始出现的时候吃一些零食来降低食欲。若是过于着急减重，吃得太少，导致食欲暴涨，就得不偿失了。

第五饮食原则：选择热量少的食物

尽量选择既能增加饱腹感、热量密度也不高的食物，如蔬菜、粗粮、杂豆、薯类等食物，不仅热量密度低，而且还能增加人的饱腹感，防止血糖过高及胰岛素过多分泌，有利于减肥，也有利于健康。

第六饮食原则：减慢吃饭速度

减慢吃饭的速度能降低人的进食量，若是吃饭过快，在血糖升高、大脑产生饱腹感之前，就会不知不觉摄入过多的食物。如果因为习惯难改，确实控制不住吃饭速度，那么建议每顿饭都固定好重量并称量出来，吃完就停止进食，能有效避免进食过多。

第七饮食原则：及时补充维生素

每天的菜单中都应该有粗粮、红色蔬菜、绿叶蔬菜、水果等富含维生素的食物，如果难以做到，或者出现口腔溃疡等症状，需要额外补充一些复合维生素 B 和维生素 C。

吃饭快好还是慢好?

第六章
为什么要运动减脂?

本书对于减脂方法的立场很鲜明,就是"科学运动 + 合理营养"才是最合理的减脂方法,这是本书最核心的观点,本章将对运动的价值和意义做重点阐述。本章当中的运动知识应当是减肥者的必修课之二,看懂了本章内容,我们才能做到明明白白来减脂。

笔者曾被问到过许多关于减肥方法的问题:

"听说甩脂机能够通过震动帮我把脂肪甩出来,然后让我的肌肉把它燃烧掉,是真的吗?"

"听说有些保健品或药品,能够帮我把肠道里的脂肪排出来,是真的吗?"

"听说汗蒸能够减肥,通过加热身体,不光是出汗排毒,还能加强人的血液循环和代谢,所以能减肥,是真的吗?"

"我就是胳膊粗点儿,别的地方不胖,能不能局部瘦身,只减胳膊?"

"是否要运动 30 分钟以上才能把人体糖原消耗光,然后脂肪才开始燃烧?"

"左旋肉碱号称脂肪燃烧弹,是不是运动减肥必须要吃它?"

"慢跑、骑车等低强度运动能量消耗速度慢,能出大汗的高强度运动才能在短时间内消耗更多热量,是不是减肥更快?"

"减肚子要做仰卧起坐、去掉蝴蝶袖(上臂脂肪堆积)要举哑铃,跑步是不是没有用?"

……

看完本章,以上这些问题就都会有答案了。

第一节 人体脂肪的代谢过程

人体内的脂肪多数储存在皮下(见下图)和内脏周围的脂肪细胞中,少数散在储

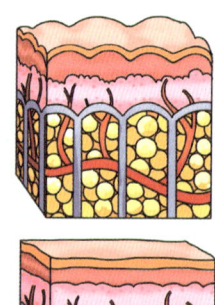
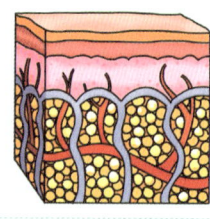

肥胖者皮下脂肪形态(上)
与不肥胖者皮下脂肪形态(下)对比

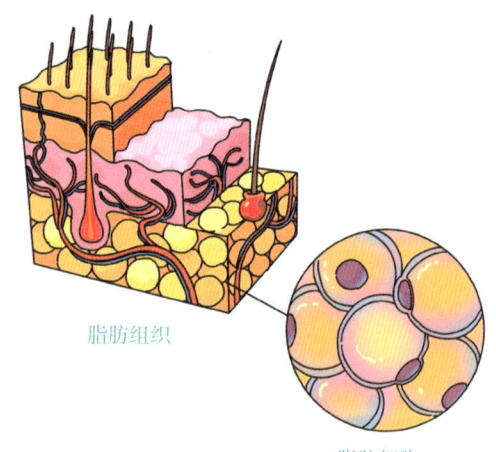

脂肪组织

脂肪细胞

脂肪组织与脂肪细胞形态

存于其他组织细胞中，如肝细胞、肌间纤维等。人体脂肪细胞的数量是有限的，但体积可膨胀 1000 倍。人体其他任何组织细胞都不可能像脂肪细胞这样长大（除了"肿瘤"）。人体大约有 300 亿个白色脂肪细胞，脂肪细胞在幼儿期大量增殖（所以有研究者认为，幼儿期肥胖会导致脂肪细胞数量多于常人，成年后更加容易发生肥胖），到青春期数量达到巅峰，此后数量一般不再增加。储存在人体脂肪细胞和组织细胞中的脂肪，主要形态都是甘油三酯，也就是一个甘油分子结合了 3 个长链脂肪酸的结构。

甘油三酯是自然界动植物储存脂肪的主要形式，我们每天都会接触到，例如炒菜用的植物油就是甘油三酯，猪牛羊的肥肉主要成分也是甘油三酯。甘油三酯就是大自然为动植物设计的能量银行，当我们吃进肚子里的食物很多，吸收的能量物质消耗不完的时候，就会把多余的能量物质变成甘油三酯储存起来；当我们需要能量的时候，体内储存的甘油三酯就会分解、产能，供我们日常生命活动使用。减肥的目标，显然就是要把这些储存起来的甘油三酯消耗掉，让每个脂肪细胞都变"苗条"，最终才能让我们的体形变苗条。

不论用什么方法来减脂，体内脂肪的动用和燃烧流程都是一样的，了解这个流程的调控条件，才能科学地设计减脂方法。脂肪是一种燃料，如果把人体比喻成一个巨大的城市，那么甘油三酯就是储存在加油站或油库里的汽油、柴油等，但加油站和油库并不会把它们燃烧掉，它们需要被送到其他需要燃料的场所，如车辆、发电厂、热力公司等去燃烧和提供能量。同样道理，脂肪细胞里的脂肪也并不能在脂肪细胞里被燃烧掉，而是需要被送到需要能量的其他组织里去燃烧掉，所以，至少需要经过"动员"（脂肪酸被脂肪细胞释放出来、进入血液）、"转运"（脂肪酸被血液运送到其他组织细胞的线粒体中）、"β氧化"（脂肪酸在线粒体中被氧化，转变为二氧化碳和水，同时释放出热量）这样三个步骤，我们逐一讨论一下这三个步骤的调控因素。

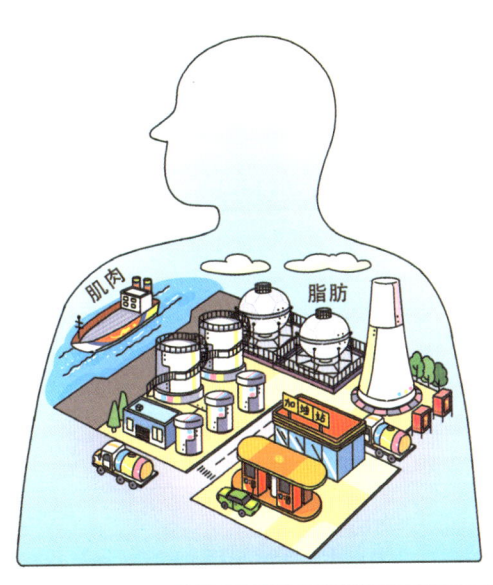

脂肪不能在脂肪组织里燃烧，需要被送到其他组织去燃烧供能

1. 脂肪动员

如果我们把自己缩小到一个葡萄糖分子那么大，进入到一个脂肪细胞里看看，就会发现甘油三酯在脂肪细胞里都是些"大巨人"，论体积有几个到几十个我们（葡萄糖分子）那么大，而脂肪细胞的外壁（细胞膜）又是非常致密的，连体积小的葡萄糖都不可能自由通过细胞膜，体积大的甘油三酯想要自由穿过细胞膜进入血液就更不可能了。所以那些想用物理方法如"震动"（甩脂机原理）、"加热"（汗蒸原理）把它从脂肪细胞里释放出来，是不可能的事情。

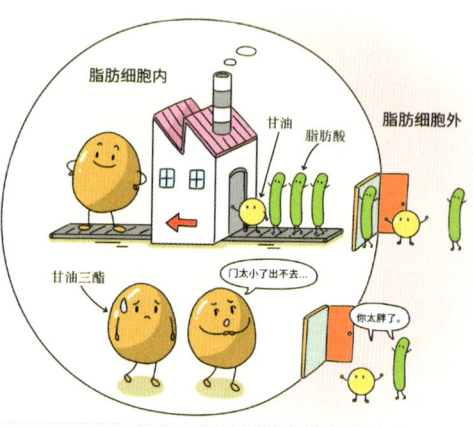

甘油三酯体积大，只能储存在细胞中，分解成小分子的甘油和脂肪酸，才能溢出细胞外

把脂肪动员起来不能通过简单粗暴的物理方法，只能通过高大上的"生物信息技术"，从脂肪细胞外传进来一些"生物指令"，指挥一些"设备"把体积庞大的甘油三酯拆分成甘油和脂肪酸，使它们体积变小，"瘦身"之后才能穿过细胞膜进入血液。"脂肪分解酶"就是负责拆分甘油三酯的"设备"，但它平时很懒惰，只有接到"脂解激素"带来的"生物指令"，才会开始工作。脂肪组织里的脂肪分解酶主要有两种：甘油三酯脂肪酶(adipose triglyceride lipase，ATGL)和激素敏感性脂肪酶（hormone-sensitive lipase，HSL）。脂解激素则是一些来自脂肪组织之外的、能够促进脂肪分解的激素，包括儿茶酚胺类激素（肾上腺素、去甲肾上腺素和多巴胺）、副黄嘌呤（咖啡因、茶碱、可可碱）、促肾上腺皮质激素（ACTH）、促甲状腺激素（TSH）以及胰高血糖素等，除胰高血糖素外，其他几个激素的产生有个共同的特点，就是都与应激有关，都是人类在发生"战斗"或"运动"等应急情况下，随着大脑皮层的兴奋、交感神经的紧张而开始大量分泌的，它们的作用就是促使身体中储存的能量物质（包括脂肪、糖和蛋白质）动员起来，为身体提供能量。胰高血糖素分泌主要由饥饿、低血糖引起，也可以加强脂肪动员，但无论从动员力度还是广度来讲，都比运动引起的脂肪动员要弱得多。从这一点我们不难看出，身体储存脂肪主要是为了在"战斗"或"运动"时提供能量，在长达百万年的人类进化过程中，人类的祖先每天都必须远行狩猎或采集果实，每天跑几十公里，还要与野兽搏斗以及寻找或运输粮食，因此大自然把我们的"能量代谢"设计成了主要为劳动和战斗服务的模式。战斗或劳动结束后，人们开始进食，这时身体会分泌一些与脂解激素功能相反的激素，抑制激素敏感性脂肪酶的活性，从而阻止脂肪分解，促进脂肪生长。这些激素被称为抗脂解激素或因子，包括胰岛素、前列腺素 E_2、烟酸等，其中胰岛素在前文中已经详细介绍过，在此不再

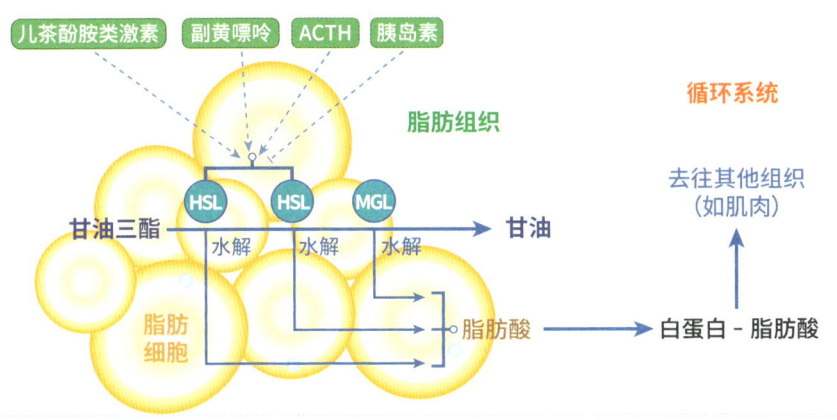

脂肪的动员及调节因素
注：MGL—甘油一酯脂肪酶

赘述；前列腺素 E_2 是一种重要的促炎症介质，能够提高身体炎症水平，同时抑制脂肪分解，也是肥胖导致人体长期处于慢性炎症状态的重要介质。

从上文可知，运动是启动脂肪动员的主要方法，此外，属于副黄嘌呤类的咖啡因也可以促进脂肪动员，所以运动前喝一些咖啡，有利于加快脂肪动员。

2. 脂肪转运

脂肪被动员后，产生了大量游离脂肪酸和甘油进入血液，与血液中的白蛋白结合在一起，被运送到其他组织和器官的细胞里的线粒体中进行氧化代谢，产生能量。脂

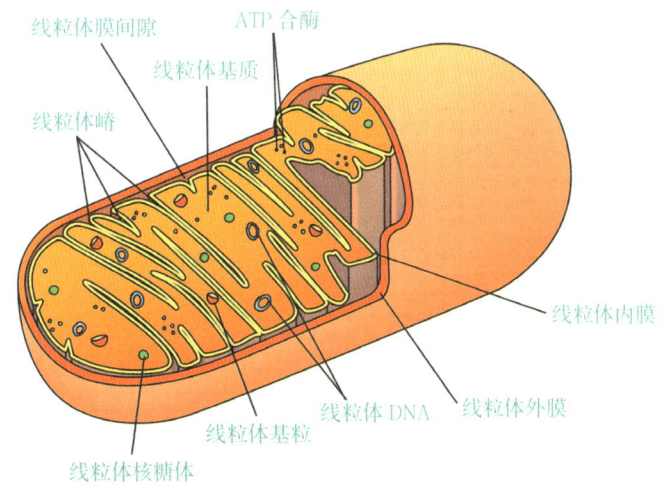

为人体制造能量的细胞器"线粒体"结构图——一个存在于其他细胞里的小型的、完整的"细菌"

肪转运主要是指脂肪酸进入线粒体的过程。线粒体是真核生物进行氧化代谢的部位，是糖类、脂肪和氨基酸最终氧化释放能量的场所，所以它非常重要，我们可以把它理解为人体的"发动机"。脂肪酸虽然能够穿过细胞膜，却无法穿透线粒体内膜，线粒体只是细胞里的一个小小的结构，为什么它的膜会与细胞膜不一样呢？因为从进化的层面来说，线粒体是个"外来户"。在许多亿年前，线粒体其实是一种独立存在的细菌，这个细菌适应能力很强，能把氧气和葡萄糖作为原料合成为生物能量（即 ATP）。后来有一些线粒体嵌入了单细胞生物的细胞中，利用它的宿主细胞来取得更多食物，而其宿主细胞也利用线粒体这种强大的能力得到了更多的能量，从而逐渐进化成了许多种类的多细胞生物，包括人类，所以从进化角度看，也可以说是线粒体造就了人类。

从上图我们可以看到，线粒体这个"外来户"虽然很小，却有着"五脏俱全"的完整的细菌结构，不仅自带遗传物质（DNA），而且自带两层完整的膜（外膜和内膜），不论是葡萄糖，还是脂肪、蛋白质（氨基酸），都不能直接进入线粒体去燃烧。葡萄糖和部分氨基酸必须在线粒体外分解、转化成丙酮酸才能通过线粒体膜，而脂肪酸也必须在脂酰 CoA 合成酶和镁离子（Mg^{2+}）的帮助下，被活化生成脂酰 CoA，然后在肉碱穿梭系统的帮助下才能进入到线粒体中完成最后的 β 氧化，燃烧生成二氧化碳、水和能量。

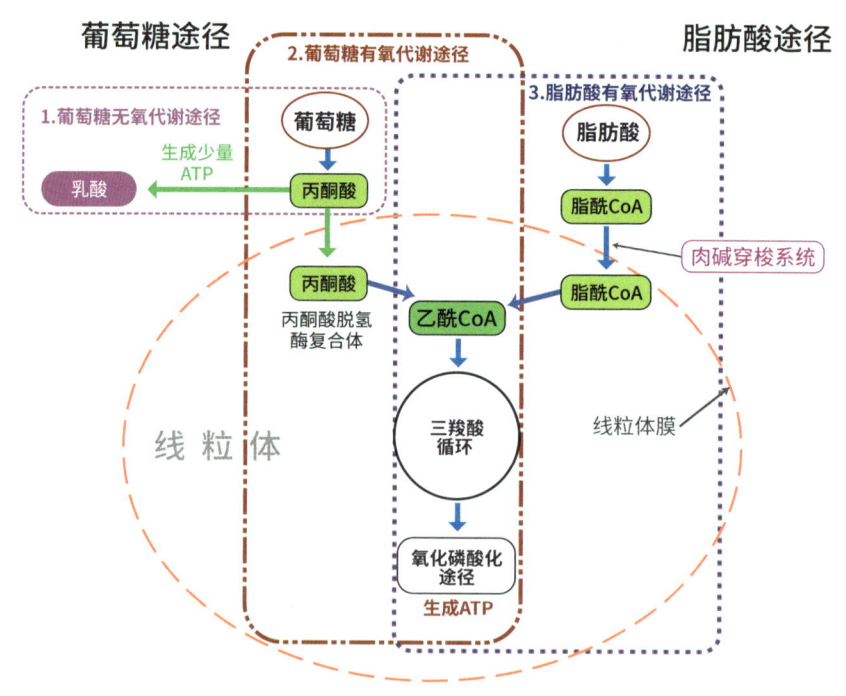

葡萄糖和脂肪酸转运入线粒体（虚线圆圈内）示意图

看懂了以上过程，读者就能明白为什么有些"减肥食品"是以镁和左旋肉碱为噱头了，因为它们都是脂肪酸转运过程中所必不可少的协助因素，并且由于脂肪酸被肉碱穿梭系统运送进线粒体的速度决定了脂肪酸被燃烧的速度，所以左旋肉碱类减肥食品还曾经被冠以"脂肪燃烧弹"的头衔，可见人们曾经对其减肥效果寄予厚望。可惜"希望有多大，失望也就有多大"，那些大量补充镁和左旋肉碱的人们并没有因此而轻松减肥。原因很简单，它们固然重要，但它们在自然界各种食物当中大量存在，几乎所有的深绿叶蔬菜、坚果、香蕉和杂粮都含有丰富的镁，只要不是纯肉食动物，就不会缺乏镁；而大多数红肉如瘦猪肉、牛肉、羊肉中都有相当多的左旋肉碱，而且左旋肉碱在人体内可自身合成，反复利用，消耗量并不大，所以左旋肉碱不属于任何一种人体必需营养素。即使是偏食、挑食得厉害，我们也不会缺乏左旋肉碱，当然更不是因为缺少它们才使我们变胖。

3. 脂肪 β 氧化

脂肪酸转化而成的脂酰 CoA 在线粒体内与足够的氧发生氧化还原反应，生成二氧化碳、水和能量物质 ATP，这个过程被称为 β 氧化，俗称"脂肪的燃烧"。人体内的脂肪酸含有的碳原子个数都是偶数，在 β 氧化过程中，脂肪酸的羧基在细胞质基质中与乙酰辅酶 A（乙酰 CoA）结合，然后循环往复地被催化脱去乙基，产生新的乙酰 CoA，直至最后全部变成乙酰 CoA。乙酰 CoA 进入三羧酸循环，完全氧化代谢。三羧酸循环发生在线粒体内，是糖、脂、氨基酸最终氧化的共同途径，在许多专业文献里，三羧酸循环都以一个圆圈的形象来表示。

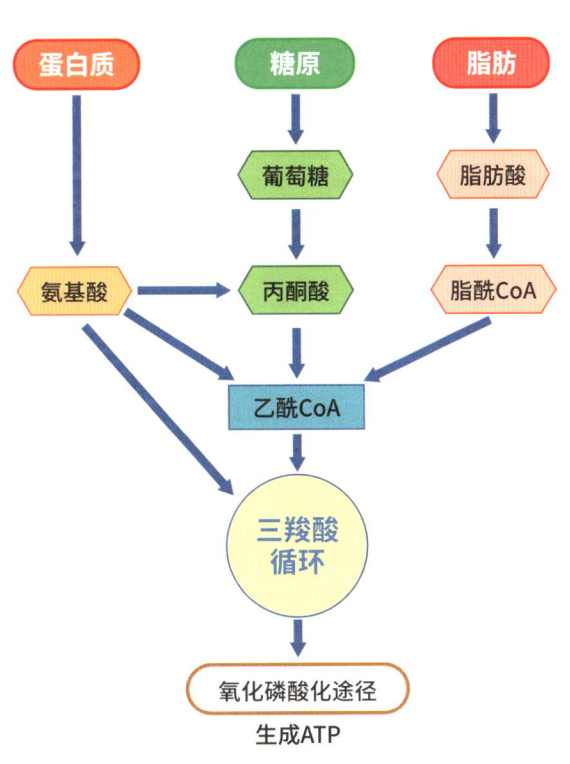

糖、脂、氨基酸氧化代谢路径图

糖、脂肪和氨基酸在进入三羧酸循环之前有一个共同步骤，就是要转化为乙酰辅酶 A（CoA），然后才能进入三羧酸循环被彻底氧化。糖和氨基酸都能够直接转化成乙酰 CoA，唯独脂肪酸不行，它在脱乙基转化为乙酰 CoA 过程中，每个脂肪酸都需要先与一个乙酰 CoA 结合，然后才能脱去乙基生成一个新的乙酰 CoA，这个过程就像是先找一个乙酰 CoA 做模板，再照猫画虎把自己改造成若干个乙酰 CoA。那么这个乙酰 CoA 模板从哪里来？只能从糖或氨基酸分解转化而来，所以脂肪酸本身无法单独供能，需要与葡萄糖或氨基酸一起混合供能，那么问题来了，如果减肥时不吃主食会发生什么？当然是糖不够了氨基酸来补，氨基酸又是哪里来？只能是靠分解肌肉组织，所以在靠饿肚子减肥时会使肌肉减少。尤其是在饿着肚子做运动时，如果糖原储备不足，或者运动时间太长，肌肉就会被分解用于帮助脂肪氧化，所以减肥的时候，运动时间并非越长越好，并且一定要吃主食，否则肌肉损失可能比脂肪减少得更快。

有一个小知识可以证明这一点，在第二次世界大战期间，有一种重要的战略物资，其价值远远高于黄金，那就是"白糖"。一位老兵回忆道，"那时候，如果只能喝到水而没有粮食，人能活 7 天，但是如果水里面能加一点糖，人就能活至少 23 天。"这一点糖无法提供很多热量来满足生存需要，但能帮助体内更多的脂肪燃烧供能。

糖的重要性

第二节 运动中的脂肪代谢过程

　　脂肪的动员需要促脂解激素来激活，而肾上腺素、去甲肾上腺素、促肾上腺皮质激素等促脂解激素在人体安静状态下分泌水平都不高，一旦开始运动则会开始分泌，从这个机制来看，脂肪似乎是专门为运动而准备的燃料库。更重要的是，如果不在运动状态，脂肪即使被动员了，能够燃烧脂肪的组织（如肌肉）没有生产能量的需求，就不会产生"转运"和"氧化"过程，也就无法达到减脂的目的。其实大多数减肥者都知道减肥需要"管住嘴、迈开腿"，并且也都尝试过运动，但成功减肥的人只占少数，说明并不是所有的运动方法都能够有效减脂，为了能够找到"科学运动减脂"的方法，有必要了解一下运动中脂肪是如何提供能量的。

　　首先介绍几个与运动中能量代谢相关的常识：①人在任何运动（包括走、跑、骑、游、打球等）状态下，体内三大热能营养素糖、脂肪、氨基酸都同时在分解并生成能量，但是在不同的运动强度下，糖、脂肪、氨基酸提供能量的比例不同。鉴于大多数运动中氨基酸提供能量的比例都很少，常忽略不计，所以我们主要关注糖和脂肪的供能情况；②人体是由许多细胞组成的，每个细胞都是一个独立的能量代谢单位，细胞内产生的能量均以 ATP 的形式被运送到细胞内各处，供各种生命活动使用，但细胞之间没有 ATP 的传递，所以一个细胞生产的能量只能自己用，不能给别的细胞用。细胞内生成的 ATP，大部分被转化成热能，帮助人体维持体温，另一部分被用于生命活动，还有一小部分则会把能量传递给磷酸肌酸（CP），CP 只有储存能量的功能，未来在 ATP 被消耗掉时，CP 可以迅速把能量还给 ATP。肌细胞中 CP 的含量为 ATP 的 3~5 倍，ATP-CP 被合称为磷酸原系统，可以认为它是人体能量的"蓄电池"，只不过这个蓄电池储存能量十分有限，当人用全力做运动时，5~8 秒就能把 ATP-CP 系统储存的能量耗尽，人就不得不停下休息，或者减慢跑速，靠线粒体这个发动机完成氧化代谢生成新的能量，把消耗掉的 ATP-CP 尽快补满，这段时间需要 3~5 分钟，有氧能力越强就能越快补满；③不同的组织和器官能够利用的热能营养素有一定的差别。有些组织只能利用糖，例如红细胞内没有线粒体，它只能利用葡萄糖进行无氧代谢（酵解）产生的 ATP 来维持细胞膜的双圆盘结构及功能，然后将乳酸排入血液，我们在安静状态下血液中也有一定浓度的乳酸，其中相当大一部分就来自红细胞。我们的大脑日常能量来源也以糖为主，但在葡萄糖缺乏时会增加对酮体（脂肪分解生成的物质）的吸收和利用。除了红细胞和大脑以外的人体组织大都可以同时利用三大热能营养素，但利用的比例不同，例如，骨骼肌作为体内重量最大的组织，它是消耗糖和脂肪的主要组织，承担了机体 80% 的糖代谢，且骨骼肌在运动时对葡萄糖的摄取不需要胰岛素介导，因此对于糖尿病人来说，运动比药物的降血糖作用更有效；再如心肌和肾脏，每天消耗的糖和脂肪差不多各占一半。几乎所有组织都不会以氨基酸作为主要能量来源，大部分人体蛋白质的分解，都是为糖异生提供原料，也就是用于人体自己制造葡萄糖的过程。由于红细胞和大脑主要靠葡萄糖提供能量，而这两个组织不论哪一个罢工，人都会直接死亡，所以葡萄糖很重要，如果不吃主食，人就只能靠自身合成（糖异生）一些葡萄糖来救急，而糖异生需要的原料主要来自氨基酸，所以主食吃得不够，人体就会牺牲肌肉来合成葡萄糖；④三大营养素生产能量的速度不一样，供能速度最快的是葡萄糖无氧酵解，因为这个过程不需要氧的参与；其次是葡萄糖氧化，只需要少量氧参与就能完全氧化；再次是脂肪酸氧化，一方面是因为需要大量氧的参与才能完全氧化，而且它不能进行无氧代谢，另一方面因为脂肪酸转运入线粒体的速度有限，所以供能速度很慢；氨基酸完全氧化代谢需要的氧比脂肪还多，但其进入线粒体不受转运步骤限制，所以供能速度并不比脂肪慢，只是由于大多数时候氨基酸参与供能的比例都太少，通常忽略不计。如果量化比较，则糖酵解供能速度约为葡萄糖氧化供能速度的 2 倍，葡萄糖氧化供能速度又是脂肪氧化供能速度的 2 倍。总结来看，运动时肌肉里氧的供应速度是脂肪氧化供能速度的最大限制因素，所以前文提到"有氧能力强的人运动减脂速度比有氧能力差的人更快"，这一观点就是基于此原理。

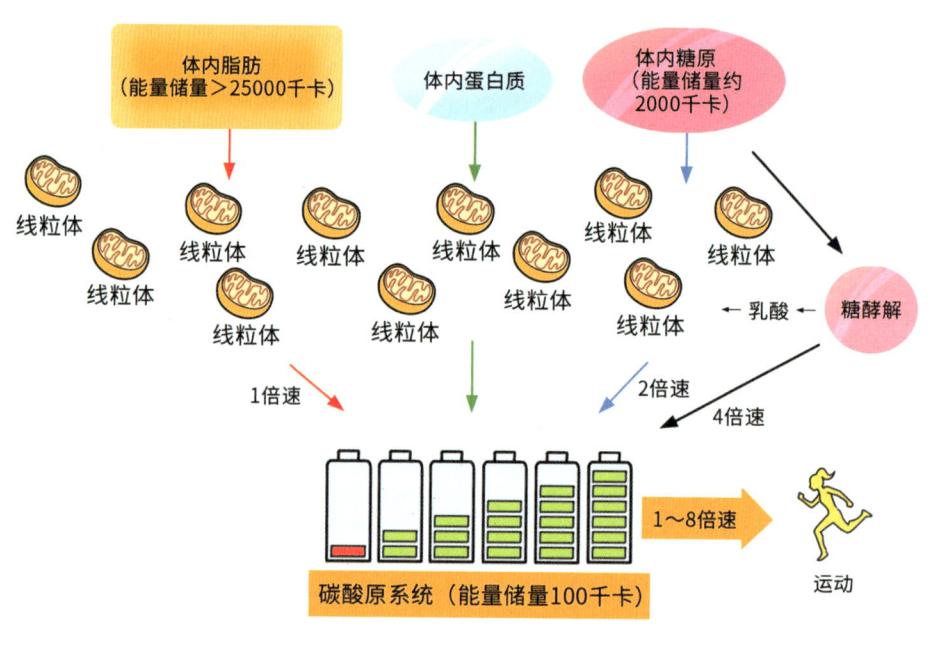

人体三大能量物质能量代谢的关系

运动中的能量代谢主要受到运动强度的影响，例如快跑与慢跑、举 10 千克重量与举 100 千克重量，对于能量供应的速度要求肯定是不一样的。由于脂肪酸有氧供能速度 < 葡萄糖有氧供能速度 < 葡萄糖无氧供能速度 < ATP-CP 分解供能速度，即不同能量物质代谢供能速度不同，所以随着运动强度从小逐渐变大，人体不同能量物质供能比例会先由脂肪为主，逐渐变成葡萄糖为主，最后变成以 ATP-CP 为主。以走跑为例，从能量物质供能比例的角度来看，以不同的速度走或跑时，人体主要消耗的能量物质是不同的，多数人快走时以脂肪供能为主，慢跑时脂肪和糖供能各占一半，较快速跑时以糖有氧供能为主（例如 3000~10000 米跑比赛）；亚极限速度跑时主要由糖无氧供能为主（例如 200~800 米跑比赛）；极限速度跑时主要由 ATP-CP 系统提供能量（例如 50 米跑比赛）。换一个角度，从不同能量物质供能速度来看，每个人的脂肪或糖作为主要供能物质时能量输出速度不一样，决定了不同的人跑同样的距离，速度会有很大差异。以上两方面的原因，使得有的人用 20 分钟时间跑完 3000 米减肥效果很好，有些人则完全没效果，关键要看强度特征及消耗能量物质的比例。这提示我们，最好不是用一个标准化的跑步距离或负重总量来制定减脂运动方案，而建议以个体化的运动强度为主要考量。

同一个人不同运动强度消耗的能量物质比例不同，
不同的人同样的运动强度消耗的能量物质比例也不同。

小知识

如何做运动前的准备活动和设定运动中的运动强度，才最有利于提高脂肪燃烧效率呢？

①准备活动的要求：为减少受伤和提高锻炼效果，运动前我们通常需要做热身运动，目的主要是依次序让神经系统→内分泌系统→心血管系统→呼吸系统→骨骼肌活跃起来。所谓活跃，在不同的系统表现是不同的，神经系统活跃是指大脑皮层兴奋性提高，交感神经紧张度升高，运动神经放电频率增强；内分泌系统活跃是指大脑兴奋引起"下丘脑－垂体－肾上腺轴"激素的释放，使肾上腺素、去甲肾上腺素、皮质醇等应激激素分泌增加；在交感神经、应激激素的刺激下，呼吸频率增加，心跳频率加快，心肌泵血力量增强，血液循环加快，骨骼肌血管扩张，骨骼肌能量代谢速度加快，使得体温快速升高。体温升高不仅使得肌肉、韧带变软，收缩更有力，不容易受伤，而且骨骼肌细胞内的有氧代谢酶、无氧代谢酶活性都会提高。对于提高减脂效率来说，应通过热身来促进应激激素的分泌，因为它们是促使脂肪动员增强的脂解激素。有研究表明，至少要达到中等强度的运动才能有效激活下丘脑－垂体－肾上腺轴，也就是说，减脂运动的准备活动要有一定的强度要求，至少应该包括5~10分钟的慢速到中速跑，使心率达到较高的水平（135~150次/分）以上，才能使脂解激素快速升高，进而提高脂肪动员速度。还有研究表明，"快速跑－慢速跑"循环几次的变速跑（或称高强度间歇跑）运动能够有效激活脂肪动员速度及氧化酶活性，可用于准备活动，甚至也可作为一种有效的减脂运动方式。另外，由于应激激素随血液流遍全身，对全身各部位的脂肪都能起到动员作用，不可能只集中在局部，所以<u>无论是哪种运动，都无法只减少局部脂肪</u>。尽管笔者的研究发现，低强度的快走或慢跑使受试者上半身的脂肪减少比下肢更明显，高强度间歇运动使受试者腹部脂肪减少较明显，尤其是"顽固性腹部肥胖"者，说明不同运动可能造成某些部位脂肪减得更快，具体原因还不是很清楚，但可以肯定不会出现只减局部脂肪的现象。

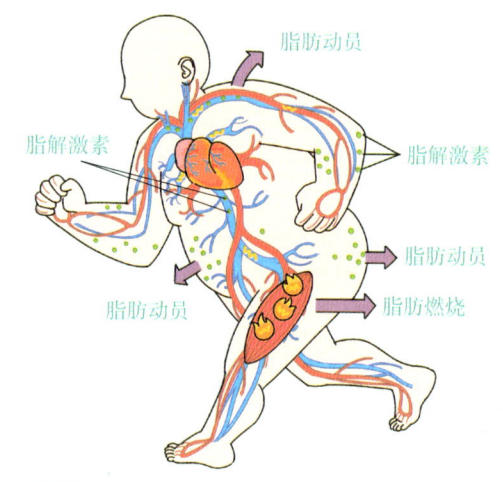

脂肪动员是全身性的，所以减肥不会只减局部

②设定个体化的运动强度：运动中脂肪供能的速度取决于运动强度，每个人都有一个脂肪氧化速度最快的运动强度点，我们称之为"最大脂肪氧化强度"（FAT_{max}强度），顾名思义，在这个运动强度下运动，脂肪消耗的速度能够达到最大，使得运动中减脂的效率达到最高。下图是笔者在研究中实际观察到的某位受试者的运动代谢图，受试者在跑步机上做递增速度跑，同时测定其体内脂肪和碳水化合物氧化供能的速度，可以发现脂肪和

糖两种营养素供能的速度都在随着跑步速度的递增而逐步升高；当跑步速度达到某一个特定值时，脂肪供能速度达到最大，就是FATmax强度；超过这个强度之后，供能系统快速转化为主要由糖提供能量，而脂肪供能速度则快速下降。由于每个人在其FATmax

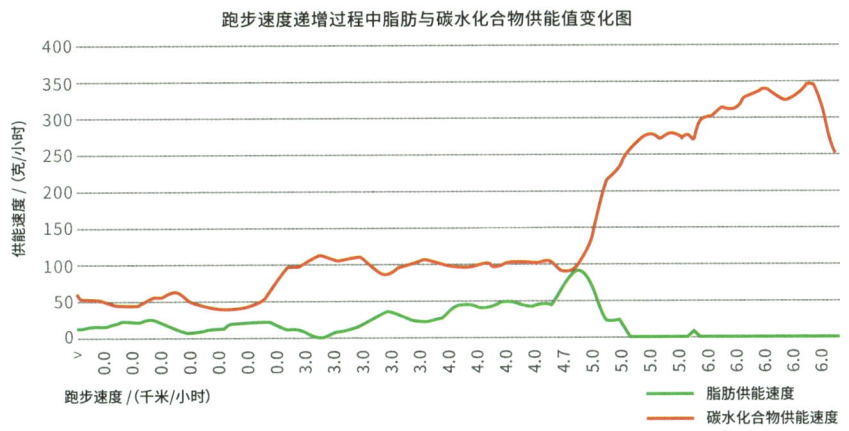

用科学设备测定的人在不同跑速下的脂肪和糖燃烧速度

强度下的跑速、心率、摄氧量、脂肪燃烧速度等都不一样，需要通过气体代谢分析仪和跑台来帮助测定，成本比较高，很难大规模应用。为了更好地应用最大脂肪氧化强度，许多研究者尝试建立用简单指标来推测FATmax强度的经验公式，例如利用20米折返跑（beep test）、握力成绩、年龄及体重建立回归模型，推测最大脂肪代谢强度的模型：Y（FATmax）=0.057×20米折返跑级别+0.012×体重−0.010×年龄+0.004×握力−0.041，经过检验，模型有意义，且具有56.2%的解释力度。但许多人还是觉得做一个折返跑和握力测试太复杂，因此根据多数人FATmax强度会落在50%~70%最大心率（HRmax）区间的特点（最大心率是指人在进行最大强度运动的时候，心脏能达到的极限心率。最大心率实测很困难，建议用Gelish公式估算：最大心率=207−0.7×年龄），有研究者研制了一些更简单的经验公式来计算和设定接近FATmax的运动靶心率，例如Karvonen公式：靶心率=（最大心率−安静心率）×（20%~40%）+安静心率，这个公式计算出来的靶心率与用专业设备测定的靶心率相比差别在10%~20%，但根据笔者的实验对比，减脂效率较后者要差3倍以上，这种非线性差距体现了精准、个性化运动方案的优点和价值。

③运动后，由于身体神经、内分泌系统活性是逐渐下降到运动前水平的，所以脂肪仍然会在一定时间（数十分钟到2个小时）内继续保持较高的氧化代谢水平，通常高强度运动后这段时间持续得更久一些，所以高强度运动虽然在运动中脂肪消耗不多，但在运动后脂肪消耗得更多一些。

另外，曾经有一种流行很广的说法，认为"运动开始之后人体会首先使用糖来提供能量，糖提供能量的百分比会快速升高，而脂肪提供能量的比例先相应下降，直至运动 20~30 分钟后，脂肪提供能量的速度才开始逐渐增加，所以运动必须达到 30 分钟以上才能有效减脂"。这种说法后来演绎出了一些错误的理论，如"脂肪需要在糖原耗尽之后才开始燃烧"等，因此这张示意图被许多专家批判过。笔者认为这张图应该是根据真实的数据所绘制的示意图，因此上面的说法中对数据变化的分析并没有错，但缺乏了一个重要的定语"什么运动"？另外，并不能从该图数据推论出"脂肪需要在糖原耗尽之后才开始燃烧"这一结论，这是个错误的逻辑推理。这张示意图所表现的糖脂供能比例变化明显是在长时间"匀速跑步"运动中观察到的，而且应是一个马拉松跑运动模型，运动强度明显超过了 FATmax 强度，所以一开始糖供能就占主要比例，但由于肌糖原储备有限，随着运动时间的延长，肌糖原逐渐接近耗竭，在肌糖原达到某个很低的水平时就会出现马拉松的"撞墙"现象，机体被迫逐渐转为以脂肪供能为主，脂肪供能比例逐渐增加，同时跑步的速度可能会下降。这个例子同样证明了运动强度决定了人体以什么能量物质来供能，如果采用较高的运动强度进行运动，如马拉松比赛这样的运动强度，那么人体必然要以糖为主要燃料提供能量，脂肪消耗量则有限，虽然运动时间很长，开始一个多小时内脂肪消耗效率却不高，之后才开始逐渐升高，如果以这样的强度运动 1 小时，消耗的脂肪并不多，糖原则基本消耗殆尽。所以，许多人运动减脂效果不好的主要原因是不懂得运动中脂肪代谢的规律，所采用的运动强度与方式难以有效消耗脂肪。

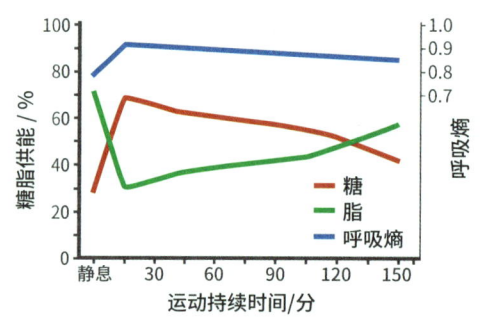

网上流行的一张图，有人根据这张图提出"运动必须超过 30 分钟脂肪才开始燃烧"的理论

马拉松比赛中的"撞墙"现象
其实是由于肌糖原耗尽

综上可知，不同强度的运动对机体的刺激不同，机体也会相应产生不同的生理适应。多年以来，许多研究人员对不同强度、不同方式运动的减脂效果与原理进行了研究，有些研究减脂效果明显，大多数的研究减脂效果则不太明显，主要原因就在于许多研究人员对不同运动强度或运动方式减脂的原理并不清楚，因此在运动时间、频率、营养等其他要素的配合上出现了错误或偏差，使得减脂低效或无效。那么运动的强度是怎样分级的呢？各种文献和资料上关于运动强度分级的方法很多，但相互之间差异较大，主要原因是这些分级是基于对不同地域、不同种族、不同运动目标的人群形成的研究结果，很难找到一个为大家所公认的"运动强度分级标准"。笔者根据自己长期对高水平运动员和普通人的运动研究经验，建议按照"不同个体同样的能量物质最大供能可持续时间相近"这一生理规律来进行运动强度区分，这样既能体现个体化，还能使锻炼目标相对更精准。

运动强度分级表

分级	运动强度特征	主要供能物质	健康效应
低强度持续运动	能够持续运动 2 小时以上才出现明显疲劳	脂肪供能为主	减肥、降血脂为主，尤其是甘油三酯
中强度持续运动	持续运动 1 小时左右开始出现明显疲劳	糖原有氧供能与脂肪有氧供能约各占一半	对肥胖、糖尿病、高血压、高脂血症均有一定改善作用，改善免疫力
高强度有氧间歇运动	持续运动 4~15 分钟出现明显疲劳，需休息几分钟才能进行下一组，总运动时间 <30 分钟	主要以糖原有氧供能为主	降血糖、降血压、减肥、降血脂，尤其是胆固醇；明显提高心肺功能，改善内分泌，提高抗疲劳能力
高强度无氧间歇运动	持续运动 10~40 秒出现明显疲劳，疲劳感强，需休息 10~90 秒才能进行下一组，总运动时间 <10 分钟	主要以糖原无氧酵解供能为主	降血糖、降血压，明显提高心肺功能，提高抗疲劳能力
抗阻力量运动	通常 1~3RM 为高强度、8~12RM 为中等强度、15~20RM 为低强度。推荐中强度，总运动时间 <45 分钟	主要以糖原有氧供能为主、脂肪有氧供能为辅	中强度抗阻力量运动对肥胖、糖尿病、高脂血症均有明显的改善作用，提高生活自理和防摔倒能力，改善内分泌，保持年轻状态

注：以上运动强度分级方法适合非运动员人群参考，不适用于运动员人群

RM

是 repetition maximum（最大重复次数）的英文缩写，是抗阻力量运动强度划分的主要依据，例如负重 50 千克一次最多可以做 8 个深蹲，则该次深蹲的运动强度为 8RM。对于普通人群，为了在保证运动易坚持性和较高安全性的前提下获取更多健康效益，常推荐 8～12RM 的中强度抗阻力量运动。

为了达到明显的健康效果，不同等级的运动强度要求的运动时长也是不同的，强度越低要求运动的时间越长，强度越高则要求运动的时间越短。但运动时间并非越长越好，通常一次运动的时间（包括热身和拉伸放松）建议低强度不超过 2 个小时，高强度不超过 1 个小时，如果一次性运动时间过长，可能造成深度疲劳，需要花几天的时间才能恢复，这样难以保持持续锻炼，会降低锻炼效果且增加受伤的概率，所以并不提倡。对于减脂人群来说，以上这种运动强度分类方法的好处是能够明确所选运动的减脂原理：运动强度越低则可以在运动中更多地消耗脂肪，运动强度越高则是可以在运动后更多地消耗脂肪。有研究发现，高强度间歇运动和抗阻力量运动对神经-内分泌系统的刺激更强，有助于刺激雄性激素及生长激素的分泌，这两种激素有重新分布皮下脂肪的作用，也有利于减少内脏和腹部脂肪，并能提高基础代谢率，使人感觉身体状态更年轻，对精神面貌也有明显的改善。

笔者对除了高强度无氧间歇运动以外的其他运动强度减脂效果均开展过人体实验研究，发现低强度持续运动和中等强度抗阻力量运动几乎适合所有人，且运动减脂效果好；高强度有氧间歇运动减脂效果也很好，但不适合无锻炼习惯者，加上营养搭配较困难，使得减脂效果的个体差异较大。另外，不同遗传特质、体质和机能水平的人适用的最佳减脂运动强度或类型是不同的，如何为一位减脂者匹配最佳的个性化、精准运动处方，还有待进一步研究。

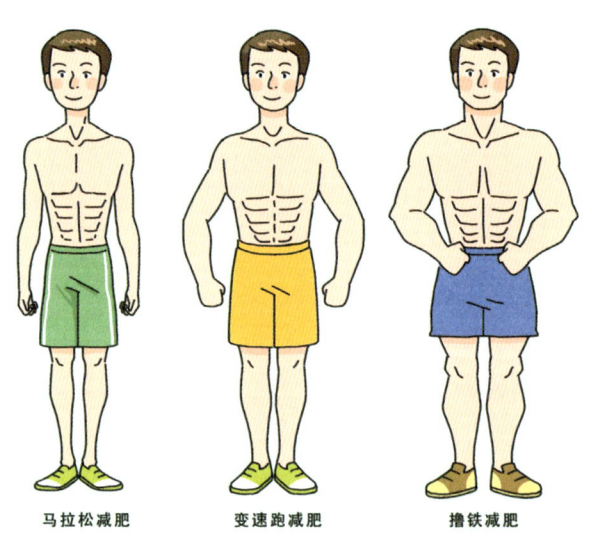

马拉松减肥　　变速跑减肥　　撸铁减肥

采用不同运动方式来减肥，体形变化也是不同的

第三节 运动减脂的好处一：轻松、简单

单纯饮食减脂最大的弊端在于减少热量摄入的同时，瘦体重也会减少，而"饮食控制＋运动"减脂则可以在保持瘦体重不下降的同时加快减肥的速度，大大突破每月减重 2~3 斤的限制，并且还能显著提高健康水平，可以说是一举多得。可是，运动减脂好处这么多，为什么许多人还是会选择单纯饮食减脂？以及为什么许多人采用却没有成功？关键在于理念错误，以及缺乏科学运动的知识。

采用"饮食控制＋运动"好处那么多，为什么不选它？

有 2 个运动减脂的基本理念是必须要正确建立的：

第一，只有科学的运动才是良医，错误的运动可能带来伤害。许多人从未接触过"运动科学"，所以想当然地认为运动只有方式的区分，没有效果的区别，只选择自己最容易实施的运动方法，并且没有科学依据地随意进行运动。直至各种问题出现，如肌肉、韧带或关节受伤、过度疲劳、生病等，且减脂效果不佳时，才意识到自己运动知识的不足。因此，要正确认识运动科学的意义并主动学习。

第二，人体储存脂肪的主要目的是给运动提供能量，在饥饿时提供能量只是脂肪的次要功能。所以正确的减肥，应该主要靠运动来消耗掉体内的脂肪，同时用平衡膳食保持每日必需的营养供给，也就是说，只用运动来制造"能量缺口"，而在其他时间则保持能量充足。基于以上理念，笔者在减脂实验中会给受试者设计"能吃饱"的饮食量，不让受试者在减脂期间出现明显的饥饿感，使受试者每日能量摄入与消耗仅在运动过程中出现负平衡，其他时间的能量代谢均达到平衡，以确保不会发生营养不良，同时还能达到良好的减脂效果。

科学的运动应达到 2 个基本要求：安全性、有效性。其中安全性要求动作合理、负荷合理、恢复合理，有效性则要求目标合理、运动强度有效、运动方法有效、负荷合理、营养合理、恢复合理。

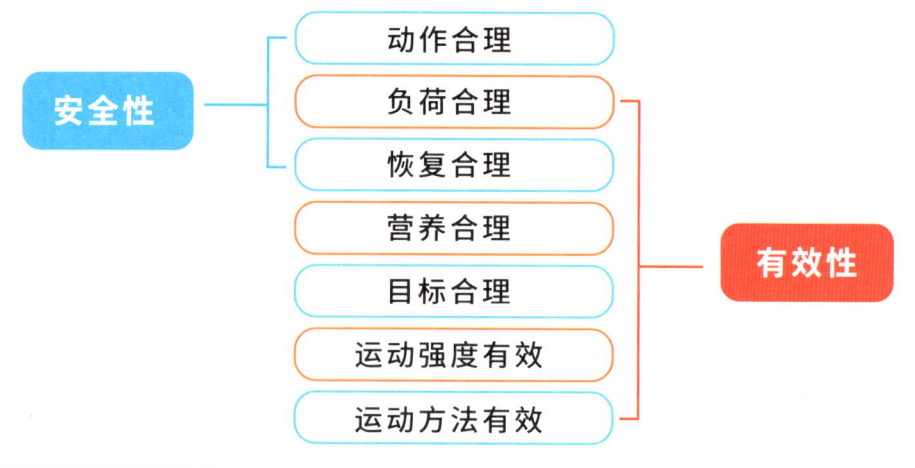

科学的运动要遵守的原则

在制定减脂运动方案时，运动强度越高则对安全性和有效性的要求也就越高，越难把各方面都做到合理，失败概率就越高，这也是许多人很努力地锻炼却减肥失败的原因。依笔者的经验，**低强度持续运动**只要将运动强度有效、负荷合理、营养合理这三个要点做好，就能够有效减脂，因此是最容易掌握、几乎对每个人都有效的减脂运动方法；**抗阻力量运动**在"减脂+健康"上综合效果优于低强度持续运动，但除了要做好上述几个要点外，还需要做好动作合理与运动方法有效，因此通常需要专业教练的帮助；**高强度间歇运动**在减脂的同时，能够有效提升心肺功能，且在改善糖代谢方面作用突出，因此特别适合有高血压、糖尿病的肥胖患者，甚至老年患者，但其在安全性方面要求较高，老年患者及合并慢性病者必须在医护人员和专业教练的帮助下完成。因这3种运动类型代表性很强，值得推荐给读者，因此重点对它们的运动方案设计和减脂效果作详细介绍。

1. 低强度持续运动

许多运动方法都可以归入这一类型，例如下页表是笔者在国内外数百篇运动减肥相关文献中找到的4个减体重效果最好的研究报道，采用的均是低强度持续运动方案。

低强度运动形式多样

	减重方法	运动时间	减重效果	笔者评价
研究一	**膳食干预**：无； **运动干预**：游泳 1 小时、登山或步行 0.5 小时，靶心率 60%~90% HR_{max}	1-1.5 小时/天，3~5 天/周，共 6 个月	月均 BMI 下降率 2%~6.7%；游泳减体重效果最佳	该研究减体重效果较好，无营养设计，运动强度设计较随意，运动量中等
研究二	**膳食干预**：按照国民标准制定膳食摄入量及营养结构； **运动干预**：中低强度有氧运动	1 小时/天，4 天/周，共 10 周	月均 BMI 下降率 1.6%，单纯膳食减体重效果最佳	该研究减体重效果一般，营养设计及控制较好，运动强度设计较随意，运动量中等偏小
研究三	**膳食干预**：低热量，低脂高蛋白饮食； **运动干预**：综合有氧运动（操类、球类、舞蹈、游戏、跑步）	1 小时/天，5~7 天/周，共 10 个月	月均 BMI 下降率 0.9%，耐力改善 7%，力量提高 10%	该研究减体重效果较慢，营养设计及控制合理，运动强度设计过于随意，运动量较大
研究四	**膳食干预**：依推算基础代谢率提供热量，均衡结构； **运动干预**：强度控制在心率储备 20%~40%，运动方式包括走、跑、趣味球类、有氧操等	4 小时/天，6 天/周，共 4 周	月均 BMI 下降率 10%，体脂率下降 11%	该研究减体重效果最佳，营养设计及运动强度设计均合理，运动量大

以上研究中只有一个研究关注了体脂率，其他均只关注体重（BMI）变化，且 4 项研究均未关注瘦体重变化，因此对减脂效果的评价不够科学，这是比较遗憾的。但从这几个研究可以分析出以下几个规律：①"运动强度不精准及饮食热量控制不精准方案"的减体重效果远远低于"运动强度有效结合低热量平衡膳食方案"；②大运动量的方案减体重效果更好，但如果运动强度不合理，减体重效果也不佳；③运动时参与肌群多的运动方式（如游泳、有氧操等）减体重效果更好。研究四在这几项研究当中减重效果最佳，几乎是其他研究的 2~10 倍，运动强度采用了 Karvonen 公式，运动量最大，营养方案采用了较低热量（接近基础代谢率）均衡结构饮食。但研究四可能存在的缺点是热量限制得过

> **心率储备**
>
> 是指最大心率与安静心率之差，用于评估人体在劳动或运动时心率可能增加的潜在能力。计算公式为：心率储备 = 最大心率 - 安静心率。由于不同人之间心率值个体差异很大，所以公式中的最大心率和安静心率均最好采用实测值，但最大心率的测定对体弱、高龄和患有心血管疾病的人来说有风险，故也可采用公式来估算，但估算结果不够准确，往往需要在应用过程中根据锻炼效果或运动中的自我感受来进行调整。

多,每日运动时间又太长,几乎是其他研究的 3~4 倍,很容易形成较大的日间能量负平衡,导致瘦体重损失较多,可惜该研究未报道瘦体重的变化。为了验证这个结论,笔者在 2011 年的一项研究中,与研究四的研究者们一起重复了该实验方案,方案是基于公式计算的数据来制定的,包括营养方案采用"公式计算的基础代谢率 +200 千卡"作为热量摄入值、平衡膳食结构、全程严格执行营养干预;运动方案为低强度持续运动,运动强度采用 Karvonen 公式计算靶心率,运动时长每天 4~5 小时,每周运动 6 天,结果发现,4 周干预后,受试者减重 3.4~14.8 千克,平均 8.99 千克,平均体脂肪量减少 5.1 千克,平均瘦体重减少 2.6 千克,正好"杀敌一千,自损五百"。这样的减重速度能够让大多数受试者满意,但瘦体重减少过多也带来了"疲劳感强""精神不振""体重容易少量反弹"的缺点。

低强度持续运动减脂的原理是"在运动中更多地消耗脂肪",因此可以说脂肪燃烧速度达到最快的运动强度(FATmax)就是这一类运动最有效的运动强度。由于人与人之间存在较大的个体化差异,用 Karvonen 公式计算出来的 FATmax 靶心率不够准确,用公式计算的基础代谢率也不够准确,那么用每个人实际测定的 FATmax 靶心率和基础代谢率来制定运动方案,是否减脂效率会更高?如果是,能够提高多少?为了解答这个问题,笔者于 2013 年做了个实验,用专业设备测定的"FATmax 靶心率"作为运动强度,以"实测静息代谢率 +300~400 千卡"作为每日摄入热量,运动时长则大幅度减少至 1.5 小时 / 天,6 天 / 周,共干预 4 周,结果与 2011 年公式计算方案实验对比如下表。

实测与公式估算 FATmax 强度运动减脂方案效果比较

实验时间	方案依据	运动时长	体重下降值	脂肪重量下降值	脂肪重量下降率	瘦体重下降值
2011 年	公式计算 FATmax 强度与基础代谢率	4~5 小时 / 天,6 天 / 周,4 周	3.4~14.8 千克,平均 8.99 千克	平均 5.1 千克	平均 13.6%	平均 2.6 千克
2013 年	实测 FATmax 强度与基础代谢率	1.5 小时 / 天,6 天 / 周,4 周	2.5~13.2 千克,平均 8.1 千克	平均 6.7 千克	平均 19.9%	平均 1.3 千克

体脂肪重量的下降率是对比 2 个方案减脂效果最重要的指标,用实测的数据制定方案,每天运动 1.5 小时,4 周后受试者减掉了体内 19.9% 的脂肪,而用公式计算数据制定方案,每天运动 4~5 小时,4 周后受试者减掉了 13.6% 的脂肪,那么可以判断**用个体化精准实测运动方案的减脂效率几乎是公式方案的将近 4 倍,再加上瘦体重损失只有后者的 1/2**,可以说个体化精准方案全面胜出。实际上这两个实验中受试者均采用快走或慢跑的运动方式,从表面上几乎看不出任何差别,但从结果的对比,却揭示了个体化精准运动强度对于运动效率与效果的影响有多么巨大。今后通过科技进步,使得个体化数据的采集、评估和生成运动处方实现自动化,将是未来运动健康发展的方向。

个体化精准运动强度减脂效率比不精准强度高数倍

2. 抗阻力量运动

力量训练在欧洲、北美洲地区比较流行,在我国普及率相对较低。这种运动方式的健康效益高,作用广泛,不仅能够改善脂代谢,还能改善糖代谢,以及强化内分泌功能,使人保持年轻态。如果用于减脂,则首先需要明确其减脂原理,作为制定个体化、精准运动方案的依据。前文提到过,经常锻炼者的肌肉能量需求很高,即便是在睡眠状态,身体总耗能的 25% 也是由肌肉完成的,因此,通过力量训练使肌肉保持在活跃状态,或提高肌肉量,可以提高我们在不运动时的能量消耗。根据这一原理,减脂抗阻力量运动的强度设计应以能够最大限度"激活"肌肉的能量代谢为目标,中等强度(8~12RM)就符合这一要求。

抗阻力量运动

笔者在 2013 年、2021 年组织的两次人体实验中，对中等强度抗阻力量运动与 FAT_{max} 强度运动的减脂效果进行了比较，两次实验分别结合了中度和轻度限制热量饮食，结果均发现两种运动方式的减脂效果相当，但抗阻力量运动表现出了更好的肌肉保护作用，如下表所示。

中度（2013 年）和轻度（2021 年）限制饮食热量条件下
中等强度抗阻力量运动与 FAT_{max} 强度运动的减脂效果比较

实验时间	运动强度	运动时长	热量摄入	体重下降平均值	脂肪重量下降平均值	脂肪重量平均下降率	瘦体重变化平均值
2013 年	无（对照组）	0	中度限制热量饮食	1.0 千克	0.82 千克	2.4%	降 0.15 千克
2013 年	实测 FAT_{max} 强度持续运动	1.5 小时/天，6 天/周，4 周	中度限制热量饮食	8.1 千克	6.7 千克	19.9%	降 1.3 千克
2013 年	中等强度抗阻力量运动	1 小时/天，6 天/周，4 周	中度限制热量饮食	6.9 千克	5.8 千克	18.1%	降 1.0 千克
2021 年	中等强度抗阻力量运动	1 小时/天，5 天/周，12 周	轻度限制热量饮食	4.36 千克	3.1 千克	10.5%	增 0.32 千克

注：中度限制热量饮食指热量缺口 800~1000 千卡；轻度限制热量饮食指热量缺口 0~200 千卡。

对比 2 个实验的结果可以发现：①单纯中度限热饮食而不运动，4 周平均减脂肪 0.82 千克；如果用同样的运动强度方案但饮食热量限制很少，则 12 周运动减脂 3.1 千克，平均每 4 周约 1.0 千克；而中度热量限制加上同样的运动方案，则减脂肪量能够增加 6~7 倍，证明"运动 + 热量限制"能够达到"1+1>6"的减肥效果；②抗阻力量运动的减脂量虽然略低于实测 FAT_{max} 强度运动，但对瘦体重的保护作用超过后者约 20%，并且在运动时长方面比后者少 1/3，因此总体来看减脂效率十分接近；③尽管抗阻力量运动在保护瘦体重方面体现了优势，但瘦体重的减少主要与热量限制程度有关，受运动影响相对较小。抗阻力量运动与低强度持续运动在运动中减脂的原理不同，但又能够互补，所以最理想的减脂运动方式，应是"抗阻力量运动 + 低强度持续运动"。

3. 高强度间歇运动

近年来高强度间歇运动（high intensity interval training，HIIT）一直是研究热点，因为这种运动方式每次锻炼时间不长，健康效应却很多，如提高有氧能力（心、血管、肺功能）、提高无氧能力（肌肉抗疲劳）、增肌、减肥等等，因此深受人们喜爱，尤其适合忙碌的现代上班族。具体来说，只要是采用"高强度 - 低强度"循环几组的运动方式并且高强度达到 80% $\dot{V}O_2max$ 以上的运动都可以归入 HIIT。持续时间和间歇时间可以从最高强度的 TABATA 方案（"高强度 20 秒 + 低强度 10 秒"×8 组）到最低强度的 INSANITY 方案（"高强度 4 分钟 + 低强度 4 分钟"×4 组）中去选择和设定。多数研究认为 HIIT 减脂的机制主要包括两个方面：一方面是由于运动中的摄氧量高，同时运动后一段时间内摄氧量依然处于较高水平，产生运动后过量氧耗 (EPOC) 的现象，从而使运动中及运动后的总能量消耗增加；另一方面是 HIIT 运动后可适当抑制食欲，防止能量摄入过多。根据以上机制，可以推论运动的强度和时间是影响 EPOC 的两个主要因素，尤其是运动强度，以无氧糖酵解代谢为主的运动强度则 EPOC 效应强。但是 HIIT 运动中心肺的负担相对较重，为了尽量降低运动风险，所以笔者推荐安全性较高的 INSANITY 方案："（80%~90%$\dot{V}O_2max$ 高强度 4 分钟 +50%~60%$\dot{V}O_2max$ 低强度 4 分钟）×4 组"的高强度有氧间歇运动（high-intensity aerobic interval training，HIAIT）方案，这个强度的运动能够有效提升有氧能力，尤其是心肺功能，而且有较多的无氧代谢参与供能，能够产生一定的 EPOC 效应，从而达到减脂作用。笔者在 2021 年组织的实验中，对 INSANITY 方案的减脂效果进行了验证，对比了这一运动方案与 FAT_{max} 和中等强度抗阻力量运动在轻度限制饮食的情况下 12 周的减脂效果（见下页表）。

结果从脂肪重量下降率来看，HIIT 方案虽然每次运动时间只有其他两种方案的一半，减脂效果却是 3 种运动方案中最好的，且在女性受试者中，瘦体重平均增长了 1.63 千克，增肌效果比抗阻力量运动（平均增长 0.32 千克）还好，这是出乎我们意料的，以往普遍认为只有抗阻力量运动才能增肌，但我国女性普遍不喜欢力量运动，我们的实验结果证明，对女性来说 HIIT 可能是更好的增肌减脂运动方法。

高强度有氧间歇运动与FATmax和中等强度抗阻力量运动减脂效果对比

实验时间	运动强度	运动时长	热量摄入	体重下降平均值	脂肪重量下降平均值	脂肪重量平均下降率	瘦体重变化平均值
2021年	实测FATmax强度持续运动	1小时/天，5天/周，12周	轻度限制热量饮食	3.18千克	2.56千克	10.1%	减0.02千克
2021年	中等强度抗阻力量运动	1小时/天，5天/周，12周	轻度限制热量饮食	4.36千克	3.1千克	10.5%	增0.32千克
2021年	高强度有氧间歇运动	0.5小时/天，5天/周，12周	轻度限制热量饮食	3.84千克	3.58千克	13.6%	增1.63千克

高强度有氧间歇运动

VO_2max

是maximal oxygen consumption的英文缩写，中文名称为"最大摄氧量"，指人在高强度运动中单位时间（常用每分钟）内最多能够摄取的氧气体积，是代表人体最大有氧能力的指标，常常被作为运动强度制定的参考值。例如美国ACSM提出的按不同百分比的最大摄氧量来区分有氧运动强度，低强度为<40%VO_2max，中强度为41%~84%VO_2max，高强度为>85%VO_2max。运动员可通过专业的气体代谢分析仪和运动器械来实测VO_2max，作为个体化、精准训练强度制定的参考值。大众健身领域很少采用实测方法，可以采用一些估算公式，通过台阶实验、12分钟跑或往返跑等间接测试方法来估算，简单易行，但准确性不如实测方法。

EPCO

是中文名称为"运动后过量氧耗"excess post-exercise oxygen consumption 的英文缩写。是指在无氧运动结束之后，身体在一段时间内氧气摄入与消耗量仍然保持在高水平的现象。EPOC 出现的原因是由于运动中因无氧代谢产生的乳酸等代谢产物导致血液酸化和呼吸、心跳加快、交感神经紧张，需要一段时间来逐渐恢复正常，因此引起了过量氧耗。

笔者通过过去 12 年间的几次人体实验，获得的总体结论是：**只有个体化的精准运动方案和合理营养方案搭配，才会产生"火星撞地球"的减脂效果。**借用一句参加过我实验的受试者说的话"我曾经无数次减肥失败，觉得减肥是天底下最难的事情。而参加了这次科学实验，我才发现原来减肥可以不用饿肚子饿得心慌，可以不用汗流浃背累得没有一丝力气，最后的效果却那么好。用科学的方法减肥，真的很轻松。"是的，减肥背后的科学问题很复杂，但如果弄清楚了，那么减肥这件事其实很简单。

科学减肥可以很轻松

第四节 运动减脂的好处二：健康，减脂的同时更健康

单纯靠低热量饮食减脂或多或少会对健康造成损害，如果加上运动，则不仅减脂速度快，而且能够获得很多其他的健康益处。人们会如何选择？实际上与懒惰无关，主要取决于我们如何看待健康。

许多人把健康当成人生的一个基础目标，其实健康应该是人生的终极目标。

如果把健康当基础目标，那么健康就意味着体检时各项生理、生化指标都正常，以及没有各类急性和慢性疾病。如果一个人是因为体检时发现血脂高、血糖高、尿酸高、血压高、脂肪肝、动脉粥样硬化、心功能不全、肝肾功能下降，或经常生病、免疫力下降，或工作时发现力不从心、容易疲劳、嗜睡、工作效率明显下降，或久婚不孕医生建议减肥等等问题时，才想起来"该减肥了"，那么健康就是这个人的"基础目标"。以上大多数问题本来是可以预防的，但如果已经发生，往往在医院是无法完全治愈的，靠目前的药物和手术技术，是无法完全修复已经发生的器质性损害的，比如血管的粥样硬化、胰岛细胞凋亡、肝肾细胞损伤、尿酸晶体对关节的损害、关节劳损、软骨磨损、卵巢结构性异常，以及其他许多我们看不见、摸不着、不知道的器质性伤害，只能通

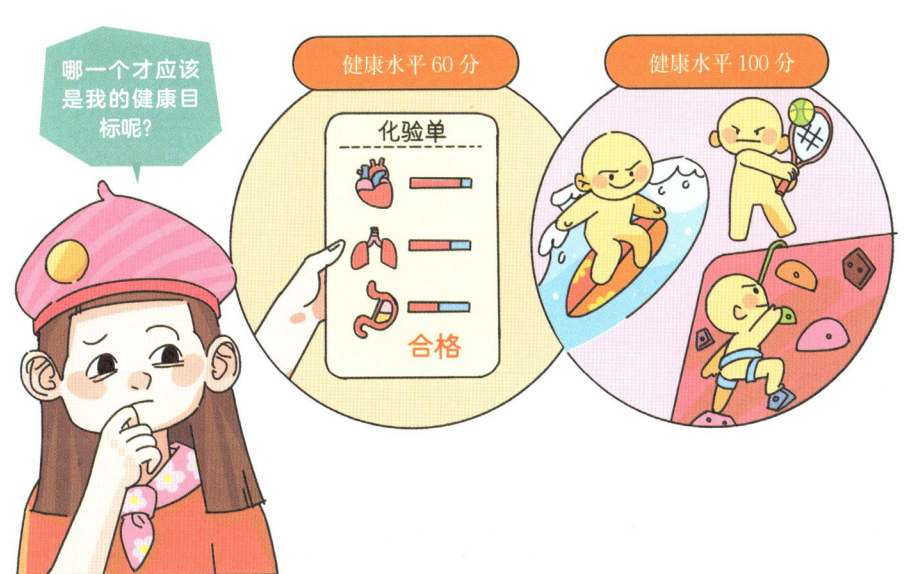

健康的终极目标应该是什么？

过药物维持现状或延缓病情的发展。通常医生会提醒我们要运动，要减肥，要优化生活方式，只有通过运动，才能使病情发展得更慢，或者停止，甚至逆转。但可惜的是，许多人即便知道了运动的诸多好处，仍然不会有锻炼的主观能动性，只是把它当成"医嘱"，一切以"医学指标"为准绳，宁愿吃药或手术也不愿意运动，因为对他们来说，健康只是基础目标，所以"够用就行"。

　　假如改变一下理念，把健康从人生的基础目标上升为终极目标，那么人们的人生观会发生巨大改变，对于健康的要求不再仅限于"够用就行"，而是提升为"好用才行"，好用的健康将不再仅限于体检指标正常，而是表现为高质量的工作与生活，例如能够在人到中年的时候仍然有年轻人一样的工作精力，能够带着孩子一起去征服高山和大海，对新鲜事物仍然兴趣盎然，能够快速学习新知识新技术；到了老年的时候，仍然能够轻松爬上十楼而不用中间休息，能够在单杠上悬吊半分钟以上甚至拉几个引体向上，能够在脚下绊到石头时迅速调整重心而不摔倒，能够跟着孩子天南海北去旅游，能够与三五老友秉烛夜谈而不露疲态。这些都需要高水平的健康做支撑，如果这是我们的健康目标，我们就一定能够接受每天安排 1 个小时来运动，能够花时间学习一些正确的营养和运动知识，能够下决心戒烟戒酒、早睡早起。人类自古以来的最高健康目标就是"长寿"，究其实质就是"抗衰老"，人们常说世界上没有"长生不老药"，能够对抗衰老的只有"运动"。运动能够为我们"储蓄健康"，建立终身运动的习惯从什么年纪开始都不晚，常年的科学健身才能让我们拥有"健康自由"，而健康自由，才是生活自由、工作自由的基石。

**拥有健康不代表拥有一切
但失去健康就失去了一切**

第五节 运动减脂的好处三：多彩，人生本来就该有激情

人们向往的美好人生首先应该是多彩的，多彩的人生来自丰富的人生经历和体验，而这一切的背后支撑是一个健康的身体。斯吉·罗斯先生是美国英特莱德国际企业著名讲师、美国顶尖励志演说家、著名商业导师。其在40多年的职业生涯中，以著名的"激情人生"主题演讲感动了成千上万的美国人，教导他们开始充满热情地发掘自身无限潜能，从而积极地走上自主创业的企业家之路，实现财务自由和幸福人生。斯吉说："激情人生，就是一种永远充满欢乐和幸福的生活，没有恐惧，没有忧虑，持续不断地实现有价值的目标，同时在生意、家庭、社交、生理、心理和精神这六个生活的主要方面，都得到平衡和协调的发展！"在这个定义当中，六个生活的主要方面其实并不在一个层面上，而是分层级的，其中，生理是基础，位于最底层，其他几个方面都要受到它的影响，尤其是心理、精神和社交都会受到生理的直接影响和制约，而这几个方面又共同影响着家庭和生意（财富），所以，如果没有良好健康这个基础，其他几个方面都无法做到平衡和协调发展，很难实现财富自由，或者即便实现了财富自由，也会把时间和财富交给医院和药店，享受不了幸福人生。如果身体不健康，人生根本不可能有激情，这是许多失去了健康的人共同的体会。

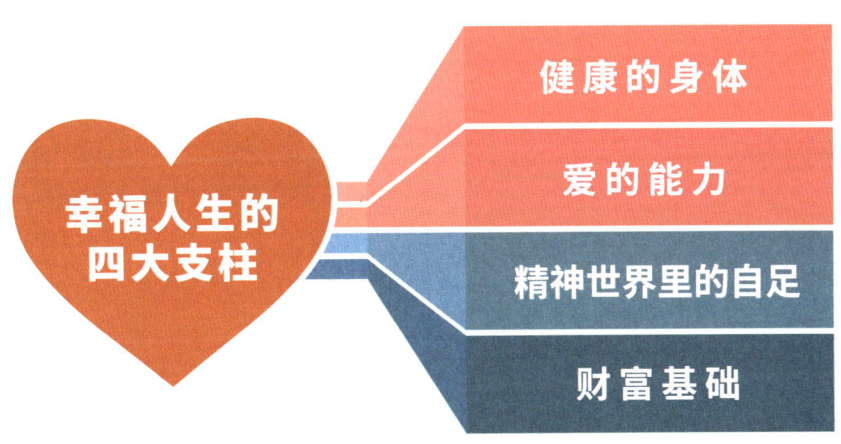

健康是幸福人生的基础

笔者也曾经是肥胖者，因为多坐少动和营养过剩，从 30 岁左右开始发胖，在 35 岁左右就出现了空腹血糖升高、血压升高等慢性病前期症状。于是尝试通过纯营养方式减肥，但我这个大学本科专业为临床营养的"专业人士"却也无法成功，因为第一"低效"，减肥慢；第二"难控制"，尤其是工作忙碌、压力大和应酬多时很难做正确而及时的热量调整，很容易因饥饿和疲劳而影响工作，而体重反弹几乎是"家常便饭"；第三"不快乐"，几乎每天都处于饥饿与疲劳交替的状态中，使人对生活没有激情，对自己没有自信。大多数身为社会中坚力量的中青年职场人士都和我一样，无法抽出很多时间来运动，因此，当我下决心开始研究运动减肥时设立的目标，就是"能够在尽可能短的时间内快速减脂，同时又不损害健康的减肥方法"。2011 年笔者做为受试者参加了自己组织的第一次减肥实验，在 4 周里减掉了 9 千克体重，体脂率从 39.4% 下降到 26%，但这次实验采用的是公式估算的运动强度，不够精准和个体化，而且每天要运动 4~5 个小时，显然很难推广应用。为了探讨"个体化、精准运动方案是否更高效？"这个科学问题，我于 2013 年又做了一次减脂实验，用设备测定受试者的 FATmax 强度作为运动强度，每天运动的时间缩短至 1.5 小时（这是我认为大多数人每天能够接受的最长的运动时间），结果精准运动方案比公式估算方案的减脂效率提高了至少 3 倍以上，同时受试者们的高血脂、高血糖、胰岛素抵抗、慢性炎症等问题均得到了全面的改善，健康水平全面提高，几乎没有什么副作用或缺点。这两次实验让我确认了"科学运动 + 合理营养"在减脂方面的作用远远不止 1+1=2，而是 1+1>10，即效率能达到单独采用低热量饮食方式或单纯运动方式减脂效率的 10 倍以上，成功率则是 100%，而且不用饿肚子。所以，只有运动减肥才能够实现"健康减肥""快乐减肥""轻松减肥"这些目标。

笔者在每次组织完实验后都能收到许多来自受试者的感谢信，也看到了许多受试者的亲戚朋友们看到他们巨大变化之后的惊喜，体会到了他们快乐的心情。当然更有自己减肥前后变化的亲身体会：从每天总是感觉容易疲劳变成了精力充沛，从夏天怕热冬天怕冷变成了既不怕热也不怕冷，从情绪时而焦躁时而抑郁变成了始终温和耐心，从总是躲避人们的目光到自信面对所有的关注。而在我的家人看来，我最大的变化在于：过去衣服掉在地上都懒得弯腰捡起，下班回家就躺在沙发里一动不动，减肥之后则开始主动干家务，家庭气氛更加和谐和快乐。总之，减肥之后，才体会到人生应有的快乐，才有了挑战一切困难的勇气，才能够轻松享受一个说走就走的旅行。

"快乐"是运动的本质之一

除了能够带来健康之外，其实大多数人经常运动本来就是因为"快乐"，快乐是运动最原始、最基本的属性，是写在我们基因里的遗传信息。如果我们去问问单纯的孩子们，他们一定会告诉你最快乐的时光是在运动、玩耍的时候，可遗憾的是大多数成年人最快乐的时光却是坐在看台上或电视机前吃着薯条喝着汽水看别人运动和比赛。运动能够带给人的快乐，以及强健的体质能够带给人的健康自信感是不爱运动的人所无法想象的，只有亲身参与才能体会到。所以，为什么要选择运动减脂呢？我想，运动减脂和单纯靠节食减脂在结果上最大的不同，恐怕就是运动能够给我们一个更有激情的人生吧。

第七章

给不同人群的运动减脂建议

现代社会，生活、学习和工作节奏都越来越快，压力也越来越大，人们能够拿出来健身的时间越来越少，越来越需要高性价比的健身方法。那么对于减脂人群来说，如何选择最适合自己的健身方法呢？笔者的建议是，首先要明确健身目标，再根据目标确定健身方法。

第一节 根据不同健康目标选择运动方法

大多数肥胖者的健康目标主要包括：减体脂、降血脂、降血糖、改善胰岛素抵抗、降血压、提高心肺功能、增肌等。对于这些目标，仅从实现效率和效果而言，笔者根据自己的研究成果给出各种推荐运动方案如下。

注：①星（★）的数量代表推荐指数，推荐指数满分为 5 ★，不推荐为 0 ★；②以下"正常热量膳食"均指每日按《中国居民膳食指南（2022）》推荐的摄入热量值；以下"低热量膳食"均指每日摄入"正常热量−500~1000 千卡"热量值，操作上可以用"少食多餐、每餐只吃 7~8 分饱且每日不出现饥饿感"为原则来控制热量。

目标　减体脂

推荐运动方案：

实测FAT$_{max}$强度、1~1.5小时持续运动	★★★★★
HIIT"90%V_{O_2max}高强度−60%V_{O_2max}间歇强度"，约30分钟方案	★★★★
抗阻力量运动、中等强度（8~12RM），45~60分钟方案	★★★★
利用公式计算FAT$_{max}$靶心率强度、2小时持续运动	★★★
随意快走或慢跑、2小时持续运动	★★
随意运动，持续运动时间<20分钟	★

膳食搭配：

如以短期快速减脂为目标，需配合"低热量"平衡膳食；如以长期慢速减脂为目标，可配合"正常热量"平衡膳食；如以长期增肌减脂为目标，需配合"正常热量+高蛋白"平衡膳食。

目标 降血脂

推荐运动方案:

FATmax强度运动/HIIT运动/抗阻力量运动+限制热量膳食	★★★★★
利用公式计算FATmax靶心率强度、2小时持续运动+限制热量膳食	★★★

膳食搭配:
如以短期快速降血脂为目标，需配合"低热量"平衡膳食；如以长期慢速降血脂为目标，需配合"正常热量"平衡膳食

目标 降血糖、改善胰岛素抵抗

推荐运动方案:

抗阻力量运动、中等强度（8~12RM），45~60分钟方案	★★★★★
HIIT"90%FATmax高强度−60%FATmax间歇强度"，约30分钟方案	★★★★
FATmax强度、1~1.5小时持续运动	★★★
HIIT极限强度TABATA方案，约2分钟方案	★★
随意强度、>2小时长时间持续运动	★★

目标 降血压、提高心肺功能

推荐运动方案:

HIIT"90%V_{O_2max}高强度−60%V_{O_2max}间歇强度"，约30分钟方案	★★★★★
抗阻力量运动、低强度（15~20RM），60分钟方案	★★★★
抗阻力量运动、中等强度（8~12RM），45~60分钟方案	★★★
FATmax强度、1~1.5小时持续运动	★★
随意强度、>2小时长时间持续运动	★

目标	增肌

推荐运动方案：

抗阻力量运动、中等强度（8~12RM），45~60分钟方案	★★★★★
女性HIIT"90% V_{O_2max}高强度-60% V_{O_2max}间歇强度"，约30分钟方案	★★★★★
男性HIIT极限强度TABATA方案，约2分钟方案	★★
>2小时的长时间持续运动	

膳食搭配：

如单纯以增肌为目标，需配合"高热量+高蛋白"平衡膳食，如以增肌减脂为目标，需配合"低热量+高蛋白"平衡膳食，同时降低增肌预期

以上依不同健康目标，列举了单用一种运动减脂方案的推荐意见，我们可以将不同类型的运动方法进行混合搭配，以强化某个目标的实现效率/效果，或者兼顾另外一个目标。例如FATmax强度持续运动可以分别与抗阻力量运动或HIIT搭配，表现出更好的减脂效果，还能兼顾改善糖代谢、提升心肺功能、保护或增加瘦体重等作用。但是需要注意以下四点：①一段时间（1~3个月）里健康目标不要过多，最好只以1个健康目标为主，另外最多只可以有一个辅助目标，但要降低对辅助目标效果的预期。人体对运动的适应是有时效局限的，这一规律决定了一段时间内人体只能专注于一类运动目标，如果目标过多通常结果会是"顾此失彼"；②我们要明确设定目标，提前做好计划并严格执行，但不要提前设定明确的预期结果，一旦预期结果设得过高，会因急于求成而打破"疲劳-恢复"平衡，常见许多人开始运动减脂的第一周体重减得很多，第二周开始减速，第三、第四周减重速度慢如蜗牛，最后因过度疲劳而受伤或生病。所以运动减脂一定不要提前设立过高的预期结果，急于求成的结果往往是"过犹不及"；③抗阻力量运动与HIIT运动均属于对身体刺激较大的运动类型，如果将这两种运动搭配在一起，身体疲劳程度会较高，恢复难度增大。运动目标应以增肌、提升心肺功能为主，在减脂方面不要设立过高的预期目标，所以首先要控制好运动量，每次运动总时间不超过1小时，其次可以隔天分别进行而不是在同一天进行这两种运动，再次一定要做好训练部位的统筹计划，例如HIIT以下肢运动为主，则抗阻力量运动就多设计上肢和腰腹动作，少安排下肢动作。另外，每次运动后做好肌肉放松和充分拉伸，可以借助筋膜枪、按摩等理疗方式。最后，在膳食营养上要适当增加热量

和蛋白质，以确保肌肉的修复和恢复；④运动量一定要以"适量、有效"为原则，不是运动时间越长越好。即便每天有很多时间可以运动，也要依据身体对运动的适应情况来决定运动负荷。切记我们不是运动员，不必冒险去挑战自己的极限，所以当身体感觉疲劳、不想运动时，完全可以休息一天，以免疲劳积累导致受伤等不良后果。但也要注意区别"疲劳"和"犯懒"，如果身体疲劳感并不明显，只是"不想动"，那么就要提醒自己，长期不锻炼已经让体能储备变得很差，所以很容易犯懒，我们需要用坚持运动去努力告诉身体"我需要增强体能"，这样我们的身体才会努力去适应，逐渐变强。运动贵在坚持，我们的身体听不懂我们对它说的话，也感受不到我们的思想和意愿，只有用行动才能与自己的身体对话，哪怕只是运动 10 分钟，也是在给我们的身体传递"我要变强"的信息，让它服从、适应，最终养成终身运动的习惯。

想要什么样的身体，得靠运动来改造

第二节 适合不同年龄段的运动减脂方案

选择减脂运动方案应结合不同年龄段人群的生理特点，满足其除了减脂以外的其他方面的重要需求，如儿童期生长发育的需求、老年人的心血管安全需求和生活自理能力需求，这些需求在重要性上都高于"减脂"，应该优先保障。此外，不同年龄段人群还有各自的特点，可以结合这些特点推荐运动方案。

儿童期肥胖：莫焦虑，正常发育的同时培养正确的饮食与运动习惯

根据《中国居民营养与慢性病状况报告 (2020 年)》显示，我国儿童的肥胖发生率逐年增高，已经成为了世界上超重和肥胖儿童最多的国家。2020 年 6 岁以下和 6～17 岁儿童青少年超重肥胖率分别达到 10.4% 和 19%，而后者在 2015 年为 16%，2002 年仅为 6.6%，可见我国儿童青少年肥胖增长速度惊人，与生活条件及生活方式等环境因素紧密相关，特别是高热量食物的过度摄取及体力活动不足被认为是关键因素，并且，肥胖者体力活动水平会进一步下降，从而形成恶性循环。

青少年肥胖在未来发展为成人肥胖的概率更高，未来早发或罹患多种慢性疾病的风险更高。因此肥胖孩子的家长通常都非常焦虑，尤其对于孩子的饮食总是"爱恨交加"，既希望孩子多吃点好长身体，又怕他们吃多了变得更胖。我的一位同事，儿子五岁的时候身高不到 1.3 米，体重却已超过了 80 斤，因为疫情防控期间，幼儿园经常停课，她不得不时常把孩子带到办公室来。小男孩非常活泼好动，尤其在吃这件事情上似乎"永不满足"，每次一来到办公室就先到处翻找，能把他妈妈藏起来的所有零食都找到，然后从早吃到晚。他妈妈每次都是严厉地斥责他的"贪吃"，然后要求他安静地坐下写字或者画画，孩子却根本不听，吃完一处零食再找另一处，妈妈一追他就拿着零食到处跑，眼睛里闪烁着狡黠的快乐，把吃零食变成了"打游击"游戏，最终妈妈不得不用手机上的动画片吸引孩子安静下来。在这个案例中，我们看到了一个肥胖形成的"恶性循环"：孩子喜欢吃零食，妈妈怕他胖就千方百计防着他吃，到处藏零食的行为反而激发了孩子的好奇心与游戏天性；孩子喜欢动，妈妈却要求他长时间坐着学习，对孩子来说，找东西吃的行为既能动起来，又能让妈妈着急，逐渐变成了一个很好玩的"游戏"，最终妈妈不得不用一个更能吸引他的"游戏"（动画片）让他安静下来，结果是不仅压制了他好动的天性，而且形成了一个典型的"过度摄取高热量食物及体力活动不足"行为。

儿童减肥，不能影响生长发育

  这样的恶性循环可能在许多中国家庭中发生着，家长们犯的错误主要有2个，第一是对孩子肥胖过于焦虑，而且时常把这种焦虑通过对"吃"的严格控制表现出来，激发了孩子"对抗"和"游戏"的天性，更加热衷于吃；第二是对肥胖的成因缺乏认识，错误地以为肥胖的发生是因为"吃得太多"，而忽略了孩子"动得太少"。要做好儿童健康促进工作，就要依从儿童生理和心理的生长发育规律，对于儿童青少年来说，"好吃"和"爱动"就是他们的天性，这是他们身体生长发育过程中需要做好的两件事情，应该顺势而为，凡是兼顾好了这两件事情的孩子成年后都会拥有一个健康的体魄（例如职业运动员）。这是写在人类基因里的需求，我们不能与之对抗，所以，家长们首先应该降低焦虑，不能把这种焦虑带给孩子，也不必在减肥这个事情上操之过急，因为对于各个年龄段的肥胖者来说，儿童青少年阶段肥胖是健康风险最低的阶段，给了我们充足的时间去改变孩子。其次就是如何改变孩子？当然还是要从"吃"和"动"上做文章。

儿童多吃不是错，动得少才是错

（1）在吃方面应重在优化饮食结构　我们不能够大幅度削减热量摄入，因为孩子每天都在生长发育，需要的营养多，却又不同程度地存在偏食与挑食，我们如果限制他们的热量摄入，就很难保证不影响他们的生长发育。所以重点要放在饮食结构的优化上，做到保证充足的碳水化合物与蛋白质，适当减少脂肪，大幅度增加膳食纤维。具体到操作层面，由于孩子的"挑食"是不可避免和难以改变的，所以要用食材和烹饪来逐渐引导与调整他们的进食量与饮食结构。首先碳水化合物要充足供给，一半的主食要用孩子爱吃的"细粮"，保障摄入数量充足，但另一半主食要用孩子不怎么爱吃的"粗粮"，以限制其过量摄入；其次蛋白质也要充足供给，除了每天必须喝足够的牛奶和吃一个鸡蛋外，每餐要有一个孩子爱吃的"荤菜"，但要限量；此外每餐也至少要有一个孩子爱吃的"素菜"，而且尽量用他们喜欢的烹调方法，最好与荤菜一

起烹调使其变得味道更好，让他们吃得更多；尽量不要用油炸方式烹调，减少用油多的煎炒等烹调方式，油脂少的食物味道会差一些，这样也能限制孩子的进食量；烹调时减少用盐量，包括限制酱油、味精、鸡精、汤料等等含盐量高的调味品，也尽量不用蜂蜜、蔗糖等单糖、双糖含量高的调味品，这样也能使孩子食欲减少一些；最后谈谈零食，零食不必禁止，因为孩子活动量大，容易产生能量负平衡，且如果正餐吃得少了，也需要用零食来补充，但零食在选择上要有技巧，含膳食纤维、碳水化合物多的粗粮饼干等可以放开供应，奶制品可以放开供应，含油脂多的坚果类应限量供应，糖果类也要严格控制，添加大量糖或盐来调味的零食如肉干或豆干虽然含蛋白质高，但最好不提供，高油高糖类零食如薯片、冰淇淋等最好也不提供或严格控制数量。通过一段时间的正确引导，大多数孩子通常会建立一个合理的饮食结构。

（2）肥胖儿童青少年减脂主要靠动　2018年1月首部《中国儿童青少年身体活动指南》发布，指出6~17岁儿童青少年每日至少应进行累计60分钟的中高强度身体活动，我国儿童青少年远未达标，体力活动不足现象很普遍。笔者接触过不少肥胖儿童家长，他们多数认为自己的孩子动得并不少，但细聊起来，发现大多数他们所说的"动"都只是"捉迷藏""挖树洞""扔石子"等低强度的活动，这样的活动，即使进行2~3个小时，孩子也没有疲劳感，所以实际上肥胖孩子大多数运动都不足。对于需要减脂的孩子，一定要想办法让他们每天都有1个小时以上的中高强度运动。至于运动方式的选择应服从"寓教于乐"原则，对于成人，我们提倡要进行个性化、精准化设计，但在孩子身上并不适用，因为他们难以长期坚持枯燥的运动方式，他们更喜欢有趣味的"游戏式运动"，已经上学的孩子，可以依托学生体质考核的要求，每天带孩子做些1分钟跳绳、50米跑、往返跑等中高强度运动。对于儿童青少年来说，由于他们的恢复能力太强，无论多大的运动量都能轻松恢复，所以他们的特点是越玩越有兴趣，越玩时间越长，越玩身体越好。这个规律提示我们，儿童青少年在减脂期间，家长一定不能盯着体重秤来减脂，而是要把关注点放在培养他们的运动爱好、兴趣上来，大多数有效的儿童减脂往往是在刚开始增加运动时体重逐渐上升，但过一段时间形成每天运动习惯后体重就开始稳步下降，而身体素质和健康水平则会越来越好。

青年肥胖：懒癌也是癌，得治

在各年龄段人群当中，青年阶段是减肥速度最快、效果最好、最轻松的年龄段。因为青年阶段是人一生当中体质最好、肌肉量最高、神经-内分泌系统功能最佳的阶段，且大多数人没有慢性疾病的困扰，对运动刺激的反应快、适应也快，所以减脂最容易。但不少青年人也有容易犯懒、经受不住美食诱惑的缺点，也就是常说的"好吃懒做"，使得他们减肥容易、反弹也容易。

其实"懒"和"馋"与其说是性格上的缺点，不如说是人性使然，所以是一种正

常现象。每个人都会有"懒"和"馋"的时候，但是自律的人会尽量控制自己出现不良状态的时机和时间，表现出来的就是勤快、执行力强。在减脂这件事情上，青年人一定要学会自律，在运动上一定要变得勤快，在吃方面则一定要变得有控制力。

对于大多数青年人来说，由于心血管系统健康程度高，所以选择减脂运动方法基本不存在限制，也就是说只要能力、条件能达到，各类方法都可以尝试，基本没有什么风险。只有少数重度肥胖者，需要在较长一段时间内，以低强度运动为主，待体重降到中等肥胖程度以下，并且建立了较好的运动适应，再选择高强度的运动方法，可以避免运动损伤及心血管急症的发生。在营养配合方面，青年人可以短期承受较低热量的饮食而不会对健康造成较大的伤害，因此通常可以采用"运动+较低热量均衡膳食"的方法，在短期内迅速将体重降到正常范围，然后再恢复正常热量饮食，并用运动来维持体重。只要不经常暴饮暴食，且能坚持每周 4 次以上运动，都能较好地维持正常体重。举 2 个例子供读者参考。

【案例一】

小朱，21周岁，男性，大学生。他的母亲带着他来找笔者寻求帮助的原因是小朱在体检中发现患上了中度脂肪肝，以及高脂血症（血胆固醇及甘油三酯均升高）、肝功能异常（谷丙转氨酶升高）、肾功能异常（蛋白尿2+、尿糖±），体脂率测试结果显示轻度肥胖。自述安静时心率偏高，有心悸（心慌、心跳过快）等不舒服的感觉，平时精力差，很容易疲劳，没法像别的同学一样长时间学习，别人觉得他很"懒"，他却觉得自己是"力不从心"，健康问题严重影响了他的学习和生活。

制定运动处方的思路：

①体质与健康特征分析：青年男性，肥胖、体力活动少、高脂血症混合型、中度脂肪肝，空腹血糖达到正常值上限，肝肾功能轻度受损，因此判断运动风险中危。医院根据小朱的BMI（32.5）诊断他属于轻度肥胖，但我们测试发现其体脂率达到了34.2%，超过了ACSM在该年龄段"非常糟"的评价标准33.3%，说明其实际肥胖程度应至少在中度肥胖以上，这种体脂率很高、BMI却相对偏低的情况常见于"骨架比较小"的人，这在亚洲人中较常见。综上判断小朱的主要问题是肝脏脂代谢功能差，长期高脂血症导致了一系列的健康问题。

②运动处方目标：短期目标应是减体脂、降低血脂，治愈脂肪肝，减重目标设定为3个月减重10%~15%（11~17千克）。作为青年人，无运动习惯，心肺功能不足，肌肉力量不足，这些均是健康隐患，因此长期目标应是通过运动提高心肺功能和肌肉力量，建立良好的运动习惯和健康的生活方式，避免肥胖反弹，以及减少发生代谢紊乱疾病和心血管疾病的概率。

③运动方式选择：因体质测试得分较低，尤其是心肺功能差，又无运动习惯，自述走路超过20分钟小腿肌肉就酸痛，因此建议其先采用低强度有氧运动方案，运动方式可根据个人兴趣和条件，采用走、跑、自行车、有氧操等。

④运动强度与运动时间：通过实验室测试，为其确定了FAT_{max}强度。运动时间根据患者对运动抵触情绪较大的情况，建议其每次锻炼时间不低于1小时、不超过2小时，但如果患者自我感觉轻松、心情愉悦，也可适当增加运动时间或变换运动方式，给患者一定的自主权，提高其可坚持性，同时保障足够的效果，为患者建立信心。对于无运动习惯人群，必须严格遵循运动强度循序渐进原则，即使患者为青年，但其运动风险测试结果为中危，因此仍应从低强度有氧运动开始，坚持1~3个月后待身体对运动产生了适应，再采用较高强度的运动方式。

⑤运动频率：每周5~6次。

⑥注意事项：患者无运动习惯，且自述肌肉易疲劳，因此应注意运动前做好热身，运动后做好拉伸，提高运动安全防护意识。

朱**减脂运动处方

基本信息				年　月　日		
姓名	朱**	性别	☑男 □女		年龄	21岁
联系电话	略	家庭住址		略		

	运动前筛查结果
体力活动水平	☑严重不足 □不足 □满足
健康筛查	身高：183cm　体重：109.2 kg　体脂率：34.2 %　腰围：96 cm 疾病史：☑无 □高血压 □糖尿病 □心脏病 □肺脏疾病 □其他 血液指标：空腹血糖 6.2 mmol/L，总胆固醇 7.32 mmol/L，总甘油三酯 2.92 mmol/L，高密度脂蛋白胆固醇 1.3 mmol/L 血压 130 / 77 mmHg　安静心率 80 次 / 分
营养调查分析	(1) 近一周膳食调查结果　①总热量摄入适中；②蛋白质占比例40% 以上；③碳水化合物供能占比 35%；④脂肪供能占比 25% (2) 存在问题　①营养结构不合理，碳水化合物摄入不足，蛋白质摄入过多；②三餐不规律，常不吃早餐或晚餐；③有晚睡晚起的作息习惯，加餐多，爱吃夜宵
进一步医学检查	尿液检查：尿蛋白 ++，尿糖 ± 血液检查：肝功谷丙转氨酶 78 U/L B 超检查：脂肪肝中度
运动风险分级	□低 ☑中 □高
运动测试结果	心肺机能　☑低　□中　□高 最大力量　□较差　☑一般　□较好 肌肉耐力　☑较差　□一般　□较好 柔韧性　　☑较差　□一般　□较好 最大脂肪氧化强度（FAT$_{max}$）心率 130~135 次 / 分

续表

运动处方	
目的	减体脂，降血脂，改善糖脂代谢
方式	低强度运动，如快走、慢跑、有氧操、骑行等
强度	运动中靶心率 130~135 次／分
时间	每次连续运动 1~1.5 小时，不超过 2 小时
频率	每周 5~6 次
周运动量	每周共 8~12 小时
运动目标	短期：2~3 个月内减脂 10~15 千克，3~6 个月治愈脂肪肝 长期：坚持 2~3 个月低强度运动达到身体适应后，可逐渐增加高强度运动方案和力量锻炼方案，逐渐强化肌肉、强化心肺功能，改善糖脂代谢能力，养成运动习惯
注意事项	①注意做好运动前热身和运动后拉伸，尤其是运动后拉伸，可减少肌肉酸痛和运动损伤 ②每天最佳运动时间推荐晚餐后休息 1 小时，再开始运动，其次为每日下午 3 点左右开始运动 ③注意适度控制饮食，主食较原先增加 1/4~1/3，肉类食物较原先减少 1/2，多食蔬菜（建议水煮、凉拌、生食），注意控制烹饪用油
回访时间	2 个月后，检测项目包括体成分、肝脏超声、血脂、肝功能、尿八项
效果评估	经过 3 个月的实施，该患者共减重 19 千克，B 超检查脂肪肝消失，血液生化检测肝肾功能指标恢复到正常值范围
运动处方师	张漓
机构名称（章）	

【案例二】

小吴，15周岁，女性，中学生。日常体力活动很少，因学习时易疲劳，精力差，学习成绩很差，目前已经休学。希望通过短期运动减脂尽快恢复正常体重，同时增强体质。体脂率测试结果显示重度肥胖，2014版体力活动准备问卷（2014PAR-Q+）调查结果显示运动风险为低危；临床检查发现安静心率偏高，心功能较差，轻度高血压（舒张压偏高），血糖、血脂正常。体质测试发现除柔韧性较好外，其余素质（力量、耐力、速度、反应等）均较差。

制定运动处方的思路：

①体质与健康特征分析：青春期刚结束不久，身高已1年无增长，重度肥胖，体力活动少，安静心率高及血压舒张压高表明心脏泵血功能明显较差，糖脂代谢系统功能良好，尚未出现糖脂代谢紊乱，因此判断运动风险不高，但运动能力明显不足，心血管功能弱，难以承受较高强度运动。

②运动处方目标：本例患者无运动习惯，重度肥胖，肌肉力量差，当前只能从低强度有氧运动开始锻炼。短期目标是尽快激活心血管系统和肌肉的有氧代谢功能，减重目标设定为一个月减重5%~8%（5~7千克）。长期目标为通过高强度运动提高心肺功能，通过抗阻力量运动提高肌肉力量，建立良好的运动习惯和生活方式，避免肥胖反弹，以及避免发生代谢紊乱疾病和心血管疾病。

③运动方式选择：低强度有氧运动相关的运动方式均可采用，如走、跑、自行车、有氧操等。因为患者专门休学来减脂，时间宝贵，为了加快减脂速度，推荐其参加"高原运动减脂"，利用低氧环境加快减脂速度。

④运动强度与运动时间：依据Karvonen公式为其计算减脂运动强度靶心率 = $(208-0.7 \times 15-96) \times 30\% + 96 = 126$ 次/分，因此设定靶心率范围为124~128次/分。根据运动强度不高，患者年龄小，恢复能力强，没有学习任务，每天可运动时间长等情况，建议其每天上下午各锻炼一次，每次2小时，每天4小时。

⑤运动频率：每周6天。

⑥注意事项：为了加快减脂速度，有必要采用较低热量均衡结构膳食。患者已过了青春期快速生长发育阶段，短期使用较低热量膳食不会对生长发育产生明显影响。

吴**减脂运动处方

基本信息			年　月　日			
姓名	吴**	性别	☐男 ☑女		年龄	15 岁
联系电话	略	家庭住址	略			

运动前筛查结果	
体力活动水平	☑严重不足 ☐不足 ☐满足
健康筛查	身高：162.5cm　体重：91.9 kg　体脂率：46.8 %　腰围：99 cm 疾病史：☑无 ☐高血压 ☐糖尿病 ☐心脏病 ☐肺脏疾病 ☐其他 血液指标：空腹血糖 3.33 mmol/L，总胆固醇 4.21 mmol/L，总甘油三酯 1.05 mmol/L，高密度脂蛋白胆固醇 0.98 mmol/L 血压 124 / 96 mmHg　安静心率 96 次 / 分
营养调查分析	(1) 近一周膳食调查结果　①总热量摄入波动较大，平均来看热量摄入偏多；②蛋白质占比例 40% 以上；③碳水化合物供能占比不到 25%；④脂肪供能占比约 35% (2) 存在问题　①营养结构不合理，蛋白质摄入过多，碳水化合物摄入较少，脂肪摄入较多；②三餐不规律，偶尔暴饮暴食
进一步医学检查	心脏 B 超：每搏输出量（SV）47mL，每分输出量（CO）3.3L/min
运动风险分级	☑低 ☐中 ☐高
运动测试结果	心肺机能　☑低　☐中　☐高 最大力量　☑较差　☐一般　☐较好 肌肉耐力　☑较差　☐一般　☐较好 柔韧性　☐较差　☐一般　☑较好

续表

运动处方	
目的	快速减脂，改善心功能
方式	高原低强度持续运动，可采用快走、慢跑、有氧操、球类等运动
强度	运动中靶心率 124~128 次 / 分
时间	每次连续运动 2 小时，每天 2 次，4 小时 / 天
频率	每周 6 次
周运动量	每周共 24~26 小时
运动目标	短期：1 个月内减脂 5~7kg，心功能改善，有氧能力提高 长期：2~3 个月低强度运动达到身体适应后，可逐渐增加高强度运动方案和力量锻炼方案，培养运动习惯
注意事项	注意做好运动前热身和运动后拉伸，尤其是运动后拉伸，可减少肌肉酸痛和运动损伤；每天膳食摄入总热量 1600~1800 千卡，三大热能营养素供能比例 = 碳水化合物：蛋白质：脂肪 =55%：30%：15%，不可吃零食
回访时间	1 个月后，检测项目包括体成分、心功能、有氧能力
效果评估	经过在青海多巴（海拔 2200 米）4 周的运动方案实施，患者共减重 7.4kg，体脂率从 46.8% 下降到 43.6%，腰围减少 5cm，达到短期减脂目标；血压从 124/96mmHg 下降到 116/64mmHg，安静心率从 96 次 / 分下降到 79 次 / 分，6km/h 跑速下心率由 167 次 / 分减少到 136 次 / 分，B 超心功能每搏输出量（SV）由 47mL 提高到了 68mL，每分输出量（CO）从 3.3L/min 提高到 4.4L/min。综合分析心功能明显增强，有氧代谢能力明显提高
运动处方师	张漓
机构名称（章）	

中年肥胖：抓住青春的小尾巴，搭上健康末班车

与青年时期相比，中年阶段人的健康水平、体能、机能均已经走在下坡路上了，恢复能力变差，适应运动的能力变差。更糟糕的是，经过多年肥胖的影响，体内脂代谢紊乱、糖代谢紊乱、慢性炎症水平都已经到了一个相当糟糕的水平，许多人出现了动脉粥样硬化、高血压、2 型糖尿病、过敏性疾病、关节炎等慢性病，体检结果也开始出现许多"异常值"，说明"健康储备"基本已经见底，没有了可以用于"打拼"的健康资本。近十几年来，各部委的国民健康调查、国民体质监测等的结果均一致指出，我国国民健康状况最差的年龄阶段就是"中年人群"，不仅不如青年人群，甚至比不上老年人群。而与此相矛盾的是，中年人在社会和家庭结构中均处于"中流砥柱"的位置，因为"重要"，所以中年人也处于社会竞争的中心，工作压力和家庭压力都大，很多重要的工作一开始是拼理念、拼创意、拼资本、拼人脉，干着干着最后就变成了"拼健康"，近年来屡创"新高"的中年猝死率，就是"拼健康"失败的结果。当然，由于各种慢性病已经"图穷匕见"，所以中年人减脂动机很强，依从性很好，这是有利条件之一。另外，在笔者看来，中年人的机能减退大多数还是"功能性衰退"，还没有达到明显的"结构性衰退"或"器质性损伤"的程度，无论是内脏器官还是肌肉骨骼，经过系统锻炼之后，还是能够逆转到接近青壮年时期的水平的；而且恢复能力比起老年人要好很多，对运动负荷的承受能力和适应能力显著高于老年人，也就是说，运动锻炼的"底子还在"，减脂效率较高，所以笔者对中年肥胖者的建议是：减脂要趁早，如果再不减脂，则将错过"健康特快末班车"。

人到中年变油腻，赶上末班车又变帅大叔

对于中年人来说，运动目标依重要性从高到低应为：①提高有氧能力，尤其是提升心血管功能，降低血压；②减脂，改善脂代谢；③降糖，改善糖代谢；④提高肌肉工作能力，包括肌肉最大力量以及力量耐力；⑤提高柔韧性；⑥提高平衡能力。在运动方法的选择上，如果长期无锻炼，且体质测试得分很低，或伴有糖尿病或高血压等慢性疾病的肥胖中年人，必须先进行至少 3~6 个月的低强度运动，待体脂明显下降，体重接近正常体重后，再开始进行高强度运动。如果一直有锻炼习惯，只是苦于体重长期超标，那么问题主要出在饮食上，需要抽出一段时间来控制好饮食，通过一段时间的低热量饮食 + 运动，快速将体重和体脂降低到正常范围，改掉吸烟喝酒、暴饮暴食的不良习惯，就能很轻松地保持好体重。

另外，中年时期许多人由于缺乏肌肉锻炼，肌肉体积虽然没有明显减少，但肌肉力量、耐力却十分糟糕，肌肉对能量代谢的调节作用大部分丧失，对于这类中年肥胖者，抗阻力量运动是非常合适的减脂方法。举个例子供读者参考。

【案例】

刘先生，45周岁，男性，金融业从业者。自述约十年前开始因经常有应酬而发胖，胖了以后人明显变懒，日常体力活动很少；近三年来日常精力越来越差，工作时易疲劳，甚至在开重要会议时也会忍不住打瞌睡；今年体检查出患有高脂血症、血糖高、血尿酸高、血压高等问题，希望通过运动尽快恢复正常体重，增强体质，提高工作精力。体脂率测试结果显示中度肥胖，2014 PAR-Q+调查结果显示运动风险为中危；临床检查发现安静心率偏高，心功能较差，中度高血压，空腹血糖异常，血脂异常，低密度脂蛋白胆固醇升高。体质测试发现力量、耐力、柔韧性均较差。

制定运动处方的思路：

①体质与健康特征分析：中度肥胖，体力活动少，安静心率高及血压高表明心脏泵血功能和血管功能均较差，糖脂代谢紊乱，运动能力明显不足，心血管功能弱，难以承受较高强度运动。鉴于健康水平较低，且日常工作压力较大，膳食热量不能限制太多，不适合用1~2个月快速减脂的方案，较适合在3~6个月慢速减重至正常体重。

②运动处方目标：短期目标是尽快激活肌肉的代谢及功能，在三个月内减重5%~8%（5~7千克），降低血脂、血糖和血压。长期目标为通过高强度运动提高心肺功能，建立良好的运动习惯和生活方式，避免肥胖反弹，以及进一步改善代谢紊乱疾病和心血管疾病。

③运动方式选择：本例患者可以接受低强度有氧持续运动，也可以接受对心肺刺激不大的抗阻力量运动。由于工作繁忙，每日能够参加训练的时间短，且抗阻力量运动对中老年男性减脂和改善健康的效果更有优势，因此选择了抗阻力量运动。

④运动强度与运动时间：中等强度8~12RM是刺激肌肉激活、增强肌肉代谢的最佳负荷，减脂的效果好。根据患者日常只有中午有时间锻炼的特点，计划每次1小时（含热身和拉伸）。

⑤运动频率：每周5~6天。

⑥注意事项：由于日常应酬不可避免，且工作繁忙，不宜采用低热量饮食，因此为他设计了轻度限制热量的平衡膳食。

刘** 抗阻练习运动处方

基本信息			年 月 日		
姓名	刘**	性别	☐男 ☐女	年龄	45 岁

运动前筛查结果

体力活动水平	☐严重不足 ☑不足 ☐满足 慢性疼痛接受问卷 (CPAQ) 结果为每周大强度体力活动无,低强度和中等强度体力活动均 < 150 分钟
健康筛查	身高：173cm 体重：88.5 kg 疾病史：☑无 ☐高血压 ☐糖尿病 ☐心脏病 ☐肺脏疾病 ☐其他 实验室检查： ①血常规检查：低密度脂蛋白胆固醇 6.52mmol/L，空腹血糖 6.7mmol/L ②体成分检查：体重 88.5kg、体脂百分比 32.6% 血压 150 / 97 mmHg 安静心率 77 次 / 分
进一步医学检查	运动心电检测无异常，动态血压检测无异常
运动风险分级	☐低 ☑中 ☐高
运动测试结果	心肺机能 ☑低 ☐中 ☐高 最大力量 ☑较差 ☐一般 ☐较好 肌肉耐力 ☑较差 ☐一般 ☐较好 柔韧性 ☑较差 ☐一般 ☐较好
营养调查结果	日常饮食中每日总热量摄入超标，脂肪摄入量过高，碳水化合物摄入量不足，蔬菜摄入量不足

存在的主要问题：
肥胖合并高脂血症，糖代谢紊乱，体脂率偏高，血压高且低密度脂蛋白超出正常标准较多，怀疑存在动脉粥样硬化；肌肉力量、耐力差

主诉需求：
降低体脂率，改善健康，改善工作精力

续表

运动处方	
目的	降低体脂率、改善高脂血症、改善糖代谢，增加肌肉力量
方式	弹力带（10~20 磅）及徒手抗阻力量练习
强度	（1）1.8~12RM，刺激肌肉激活能量代谢，减脂效果好 （2）采用弹力带进行力量测试，要求患者分别使用 10 磅（1 磅 =0.45 千克），15 磅，20 磅弹力带重复完成一些抗阻动作（例如：二头弯举、侧平举、深蹲等），同时也依据主观体力感觉量表 RPE（见附录）目标值：13~15，在第一阶段患者使用 10 磅弹力带进行抗阻力量练习，负荷 8~12RM。第二阶段患者使用 15 磅弹力带进行抗阻力量练习，负荷 8~12RM。第三阶段患者使用 20 磅弹力带进行抗阻力量练习，负荷 8~12RM
时间	每次运动 50~60 分钟（热身 5 分钟，正式运动 40~45 分钟，整理活动 10 分钟）
频率	4~5 次 / 周
周运动量	250~300 分 / 周
运动进阶	运动进阶标准：连续 3 次运动中，每个动作的最后一组练习时能完成标准动作次数超过 5 次及以上数量，并且 RPE 数值低于目标值时，应将使用的弹力带更换为更高磅数和动作进阶
	运动进阶建议：第一阶段≥ 4 周，第二阶段≥ 4 周，第三阶段≥ 4 周
运动周期	≥ 12 周

续表

运动处方具体内容	
准备活动 （5分钟）	（1）有氧热身（2分钟）　原地小碎步慢跑 （2）动态上肢或下肢拉伸（3分钟）　选择上肢练习时：扩胸运动、振臂运动、转体运动、腹背运动、绕肩运动；选择下肢练习时：提膝展髋运动、向后弓步转体运动、行进间腿部后方拉伸、原地慢速高抬腿、腹背运动
正式运动 （50分钟）	考虑到肌肉疲劳与恢复原则，将上下肢与核心练习组合，分成上肢与核心练习和下肢与核心练习，交替隔天进行练习，以保证练习的质量，减少肌肉疲劳积累 1. 第一阶段（1~4周，弹力带为10磅） （1）上肢与核心训练 ①跪姿俯卧撑（可完成标准俯卧撑者，选择标准俯卧撑，若无法完成跪姿俯卧撑，可退阶站立扶墙俯卧撑）：8~12个/组，组间休息30秒，做3~4组，完成休息2分钟 ②弹力带俯身划船（若弹力带无法完成，可先手持2个500毫升的矿泉水瓶进行）：8~12个/组，组间休息30秒，做3~4组，完成休息2分钟 ③弹力带侧平举（若弹力带无法完成，可先手持2个500毫升的矿泉水瓶进行）：8~12个/组，组间休息30秒，做3~4组，完成休息2分钟 ④弹力带二头弯举（若弹力带无法完成，可先手持2个500毫升的矿泉水瓶进行）：8~12个/组，组间休息30秒，做3~4组，完成休息2分钟 ⑤卷腹：8~12个/组，组间休息30秒，做3~4组，完成休息2分钟 （2）下肢与核心训练 ①深蹲：每组8~12个，每组休息30秒，做3~4组，完成休息2分钟 ②跪姿后蹬腿：每组8~12个，每组休息30秒，做3组，完成休息2分钟 ③站立侧抬腿：每组8~12个，每组休息30秒，做3~4组，完成休息2分钟 ④站立提踵：每组8~12个，每组休息30秒，做3~4组，完成休息2分钟 ⑤卷腹和仰卧交替抬腿（若交替抬腿无法完成，可先抬单侧腿）：每组8~10个，每组休息30秒，做3~4组，完成休息2分钟 2. 第二阶段（5~8周，弹力带更换为15磅并变换动作） （1）上肢与核心训练 ①弹力带跪姿俯卧撑（可完成标准俯卧撑者，选择标准俯卧撑）：10~12个/组，组间休息30秒，做4组，完成休息1分钟 ②弹力带俯身划船：10~12个/组，组间休息30秒，做4组，完成休息1分钟 ③弹力带侧平举：10~12个/组，组间休息30秒，做3~4组，完成休息1分钟 ④弹力带二头弯举：10~12个/组，组间休息30秒，做4组，完成休息1分钟 ⑤弹力带单臂屈伸（若单侧手臂无法完成，可先双手抓住弹力带一起进行）：10~12个/组，组间休息30秒，做4组，完成休息1分钟 ⑥V形卷腹（无法完成可做卷腹）和仰卧交替抬腿：10~12个/组，组间休息30秒，做4组，完成休息2分钟 （2）下肢与核心训练 ①弹力带深蹲：10~12个/组，组间休息30秒，做4组，完成休息1分钟 ②跪姿弹力带后蹬腿：10~12个/组，组间休息30秒，做4组，完成休息1分钟 ③弹力带硬拉：10~12个/组，组间休息30秒，做3~4组，完成休息1分钟 ④臀桥：10~12个/组，组间休息30秒，做4组，完成休息1分钟 ⑤V形卷腹和仰卧交替抬腿：10~12个/组，组间休息30秒，做4组，完成休息1分钟 3. 第三阶段（9~12周，动作与第二阶段相同，弹力带换成20磅）

续表

整理活动 （10分钟）	（1）动态放松（2分钟）　原地踏步＋呼吸训练 （2）静态上肢或下肢拉伸（8分钟）　选择上肢练习时：肩部拉伸、胸部拉伸、背部拉伸、肱二头肌拉伸、腹部拉伸；选择下肢练习时：大腿前侧拉伸、下肢后侧拉伸、大腿内侧拉伸、臀部拉伸、腹部拉伸
注意事项	（1）运动 ①做好准备与整理活动，避免运动损伤的发生 ②运动过程中应充分补充水分 ③依据循序渐进原则，刚开始时运动强度和运动量不宜过大，训练适应后可逐渐增加运动强度和运动量 （2）饮食 ①适当限制每日总热量摄入量，不可暴饮暴食 ②适当增加蛋白质摄入，每日多加一个水煮蛋或增加2杯牛奶 ③适当减少脂肪摄入量，增加蔬菜的摄入量，特别是绿色蔬菜
运动处方效果评估	
自我评估方法	肥胖：可以使用软尺测量腰围和臀围，使用家用体脂秤测量体脂百分比及体重变化；记录周体重变化率。（体脂百分比和体重应在清晨空腹状态下进行测量，可以周为单位进行前后比较，测试结果如下降即为方案有效）
	高脂血症：建议每月一次前往医院进行血液测试，血液胆固醇（TC）、甘油三酯（TG）、低密度脂蛋白胆固醇（LDL-C）下降，即为方案有效
回访时间	体脂百分比和体重每周评估一次；血脂、血糖、血压可每月评估一次
效果评估	①运动干预12周后，体重下降7.0千克，全身脂肪减少5.5千克，体脂百分比由32.6%下降到28.2%，全身肌肉减少0.6千克 ②血液检测低密度脂蛋白胆固醇由6.52mmol/L下降到5.58mmol/L，空腹血糖由6.7mmol/L下降到5.6mmol/L。血压由150/97 mmHg下降到138/90 mmHg ③自述精力明显比以前充沛很多，疲劳感少了很多，时常觉得充满力量，自信心大幅度提升，希望继续坚持，将体重再减轻一些
运动处方师	王珏，张漓
机构名称（章）	

几个抗阻力量健身动作

老年肥胖：小碎步，慢慢来，欲速则不达

我国早已进入老年社会，老年人口比例不断增加，截至 2019 年末，60 岁及以上人口比例达 18.1%，65 岁及以上人口比例达 12.6%。老年人中超重或肥胖的现象较普遍，2014 年国民体质监测数据显示，60~69 岁老年人超重率为 41.49%、肥胖率为 13.91%，2020 年升高到了 41.7% 和 16.7%。超重或肥胖是心血管疾病的独立危险因素，不仅会降低老年人的生活质量，也会增加国家和社会的医疗负担。

在营养方面，许多老年人把每天主要的精力都放在做好一日三餐上，营养结构反而是各年龄段人群中最合理的，而且自制力普遍较强，很少会暴饮暴食，所以热量摄入很少超标，甚至相当多老年人因为担心肥胖而严格限制自己的饮食量，导致营养不良，因此营养过剩并非大多数老年人发胖的原因。老年人容易发胖最主要的原因是运动不足，如果年轻时没有建立运动习惯，到了老年就更容易感到疲劳，活动量越来越少。其次是基础代谢率下降、激素水平下降（尤其是女性更年期后）和睡眠时间减少等，也都是导致肥胖的原因，而基础代谢率和激素水平下降除了因为增龄性因素外，也主要与肌肉量过少有关。基础代谢率和激素水平随年龄增长而下降的趋势固然不可逆转，但并非不可调节，有长期运动习惯的人之所以显得身姿挺拔、面貌年轻，就是因为运动能够提升基础代谢率和激素水平。

老年人运动"安全第一"，平板运动心电测试

老年人在运动减脂方面的优缺点均非常明显，缺点是老年人运动适应能力差，恢复速度慢，心肺功能弱，因此较难接受高强度的运动，在没有教练指导和辅助的情况下也较难完成抗阻力量运动，所以大多数老年人往往选择低强度有氧运动来锻炼。但是高强度运动和抗阻力量运动恰恰是最适合老年人的运动，因为高强度运动能够提升心肺功能，这是保障心血管安全的关键，抗阻力量运动能够提高肌肉体积和代谢水平，这是提升基础代谢率和激素水平的关键，这些健康效应通过低强度运动很难获得。因此对于大多数老年人来说，可以先做平板运动心电测试，对于没有运动中心电异常和血压异常的老年人，可以在有医务监督和教练指导的情况下采用这两种运动方式来提升健康边际，如果无以上条件，还是选择安全性高的低强度运动为宜。

老年人在运动方面的优点是有时间，有空闲，生活节奏平稳，不追求快速减脂效果，可以慢慢来，安全第一。举个例子供读者参考。

【案例】

周女士，71周岁，退休。体脂率测试结果显示重度肥胖，2014 PAR-Q+ 调查结果运动风险为高危。临床检查发现血压较高，血胆固醇及甘油三酯均升高，心肺功能很差。综合以上信息，判断运动风险为高危，存在较高心血管运动风险。因此到某医院进行了递增负荷运动心电测试，未发现运动心电异常，可以承受较高强度的运动。

制定运动处方的思路：

①体质与健康特征分析：老年高龄，重度肥胖、体力活动不足、高脂血症混合型、高血压、轻度营养不良（尽管体重大，但因盲目控制体重，长期热量摄入不足，导致高体脂率、低瘦体重、低基础代谢率，这是许多老年肥胖者的共同特征）、体质素质差，有氧能力低，运动风险高。对于老年人来说，安全最重要，心肺功能不足是老年人最重大的运动风险。在本案例中，患者当前首要健康目标应为提升心肺功能，减脂则为次要目标或兼顾目标。

②运动处方目标：降低运动风险。尽管可以直接采用低强度运动，但这种运动方式要求每次运动时间长，需要同时限制饮食，以患者当前的有氧能力水平和肌肉功能均很难满足长时间运动的要求，且肌肉代谢水平低，很难提高脂肪代谢速度。因此，在进行减脂运动之前，有必要先将其心肺功能提升到安全区域，再开始进行减脂。综合考虑，减脂并非当前主要目标，目前首要任务是先提高患者心肺功能，建立基本运动适应，获得运动减脂所需的基本运动能力和代谢水平。

③运动方式选择：HIIT 是提高心肺功能最有效的方式，此高强度非绝对高强度，而是相对高强度，是根据患者的个体机能测试结果来设定的，这样的强度在患者承受能力范围内，有足够高的安全边际。另外，患者在递增负荷运动心电测试中未发现心

电异常,因此适合采用 HIIT 运动方式。HIIT 的另一个优点是用时短,易于坚持,适合患者这样无运动习惯的人在运动初期通过体验式运动来有效提高健康水平。另外,由于患者有陈旧性膝关节损伤,建议采用功率自行车或四肢联动锻炼设备等运动方式,避免膝关节受力过大发生二次损伤。

④运动强度与运动时间:具体采用的是:"(80%~90%Vo_2max 高强度 4 分钟 +50%~60%Vo_2max 低强度 3 分钟)×4 组"的标准 INSANITY 高强度有氧间歇运动方案。为了保证安全和提高锻炼效率,为患者进行了递增负荷最大摄氧量测试,确定了患者 90%Vo_2max 强度时心率为 120 次/分,60%Vo_2max 强度时心率为 90 次/分。在实际执行中,为确保安全,采用了循序渐进的强度递增方式,先降低 10% 左右的强度进行适应性锻炼 3 周,待各项健康与体质指标稳定提高后再过渡到 90% Vo_2max 强度。运动时间每次 0.5 小时。

⑤运动频率:因判断该患者恢复能力差,因此把锻炼频次设定为每周 3 次,这是运动能够有效刺激人体并产生适应性改变的最低运动频次。

⑥注意事项:应强调运动前的热身和运动后的拉伸质量,防止劳损和伤病发生。饮食方面暂不进行控制,以免影响恢复。由于患者日常习惯性控制饮食,因此要求其在本次运动干预期内适当增加热量摄入,增加的热量以优质蛋白质为主。

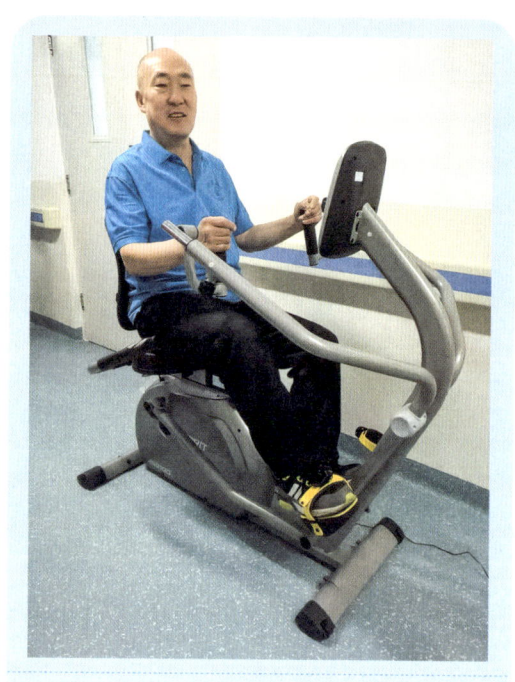

适合老年人的四肢联动健身设备

周女士减脂运动处方

基本信息			年　月　日			
姓名	周**	性别	☐ 男 ☑ 女		年龄	71岁
联系电话	略	家庭住址	略			
运动前筛查结果						
体力活动水平		☐ 严重不足 ☑ 不足 ☐ 满足				
健康筛查		身高：160 cm　体重：75.9 kg　体脂率：44.3%　腰围：90 cm				
		疾病史：☐ 无 ☑ 高血压 ☐ 糖尿病 ☐ 心脏病 ☐ 肺脏疾病 ☑ 其他：膝关节有旧伤				
		血液指标：空腹血糖 5.4 mmol/L，总胆固醇 5.95 mmol/L，总甘油三酯 3.54 mmol/L，高密度脂蛋白胆固醇 1.64 mmol/L				
		血压 147/97 mmHg　安静心率 78 次/分				
营养调查分析		(1) 近一周膳食调查结果　①总热量摄入不足；②蛋白质占比例 20%~25%；③碳水化合物供能占比 55%；④脂肪供能占比 20%~25% (2) 存在问题　热量摄入不足，营养结构基本合理，脂肪类摄入稍微偏多，与习惯吃炒菜有关				
进一步医学检查		肺活量：2182 mL 运动心电检查：运动心电无异常 骨关节功能检查：右膝关节陈旧性内侧副韧带撕裂				
运动风险分级		☐ 低 ☐ 中 ☑ 高				
运动测试结果		心肺机能　☑ 低　☐ 中　☐ 高				
		最大力量　☑ 较差　☐ 一般　☐ 较好				
		肌肉耐力　☑ 较差　☐ 一般　☐ 较好				
		柔韧性　☑ 较差　☐ 一般　☐ 较好				
		最大摄氧量：14 mL/(min·kg)，极差				
		下肢平衡：闭眼单腿站立时间 5 秒，差				

续表

运动处方		
	目的	首要提升心肺功能，降低血压，改善下肢力量，再减体脂和降血脂
	方式	高强度间歇运动，采用四肢联动运动仪
	强度	(1) 适应阶段　锻炼开始第 1~3 周。运动开始后，维持设备转速 60 r/min，通过增加功率方式使患者心率达到 110 次/分（80% $V_{O_2}max$ 心率），保持该强度运动 4 分钟；然后维持设备转速不变，通过减少功率方式使患者心率下降到 80 次/分（50% $V_{O_2}max$）心率，保持该强度运动 3 分钟；重复 4 组 (2) 正式运动阶段　锻炼第 4~12 周，高强度时患者心率达到 120 次/分（90% $V_{O_2}max$）心率，低强度患者心率下降到 90 次/分（60% $V_{O_2}max$）心率，低强度运动 3 分钟；其余要求同上 (3) 改善下肢力量　通过对抗自身力量和弹力带锻炼下肢力量
	时间	每次运动前热身 10 分钟，高强度间歇运动 24 分钟，运动后拉伸 10~15 分钟
	频率	每周 3 次
	周运动量	每周共 2.5~3.5 小时（含热身、拉伸）
	运动目标	短期：运动初期 3 个月以提高心肺功能，降血压，改善体质为主，主要目标为降低运动风险 长期：3 个月左右若能达到上述短期目标，可开始中低强度减脂运动，不设定目标，以患者能完全适应的运动负荷设计运动方案
	注意事项	运动初期 3 个月以提高心肺功能、肌肉力量、耐力等为主要目标，故不限饮食，但建议采用平衡膳食结构，适当增加优质蛋白质摄入，进食量以不产生饥饿感为度
	回访时间	3 个月后，检测项目包括体成分、心肺功能、血压、血脂、平衡能力
	效果评估	经过 3 个月的实施，该患者最大摄氧量从 14mL/(min·kg) 提高到 22.4 mL/(min·kg)，肺活量从 2182mL 显著升高到 2720mL，血压从 147/97mmHg 下降到 137/84mmHg，闭眼单腿站立时间从 5 秒显著升高到 15 秒，表明心肺功能有了大幅度提升，身体素质也明显提高，运动风险明显降低，可以考虑开始进行较长时间的减脂运动
	运动处方师	张漓
	机构名称	

附录

Borg 主观疲劳程度量表（RPE）

等级	主观感觉
6	根本不费力
7	极其轻松
8	
9	很轻松
10	轻松
11	
12	有点吃力
13	
14	
15	吃力
16	非常吃力
17	
18	
19	极其吃力
20	精疲力竭

结语

本书力图让读者明白,主动健康,需要"顺势而为"。势,就是规律、自然法则。减肥,不能靠饿,只能靠运动。

我们无法像熊冬眠时一样数月不进食、完全靠脂肪提供能量,并且只有在运动中,人体内的脂肪才会被大量动员以提供能量,所以从遗传规律来说,人体储存脂肪最主要的目的不是在饥饿的时候提供能量,而是为人们在长途奔跑获取猎物和粮食的过程中提供能量,使我们能够跑得更久,跑得更远。尽管文明和科技的快速进步使得现代人已经不需要每天跑很远的路去寻觅食物,但我们的基因仍然与茹毛饮血时代的祖先没有多大区别。所以,用运动来减脂是最符合自然法则的减脂方式,科学地搭配运动和营养,才有可能实现"1+1>10"的减脂效果,乃至达成更多的健康目标,最终实现健康自由。更新认知,科学减脂,祝你成功!

图书在版编目（CIP）数据

运动减脂与体成分管理：用专业方法管理你的健康 / 张漓著. -- 北京：中国轻工业出版社，2025.6.
ISBN 978-7-5184-5177-7

Ⅰ．TS974.14; R161

中国国家版本馆CIP数据核字第20243CX029号

责任编辑：钟　雨　　责任终审：张乃柬
文字编辑：陈丽婷　　责任校对：吴大朋　　封面设计：董　雪
策划编辑：钟　雨　　版式设计：竞仁文化　　责任监印：张京华

出版发行：中国轻工业出版社（北京鲁谷东街 5 号，邮编：100040）
印　　刷：艺堂印刷（天津）有限公司
经　　销：各地新华书店
版　　次：2025 年 6 月第 1 版第 1 次印刷
开　　本：787×1092　1/16　印张：13.25
字　　数：266 千字
书　　号：ISBN 978-7-5184-5177-7　定价：60.00元
邮购电话：010-85119873
发行电话：010-85119832　010-85119912
网　　址：http://www.chlip.com.cn
Email：club@chlip.com.cn
版权所有　侵权必究
如发现图书残缺请与我社邮购联系调换
210793S2X101ZBW